RECHERCHES

SUR

LA MATURATION, LA FÉCONDATION ET LA SEGMENTATION

CHEZ LES POLYCLADES

PAR

P. FRANCOTTE

(TRAVAIL DÉPOSÉ A LA SÉANCE DU 6 MARS 1897)

BRUXELLES

HAYEZ, IMPRIMEUR DE L'ACADÉMIE ROYALE DES SCIENCES
DES LETTRES ET DES BEAUX-ARTS DE BELGIQUE
RUE DE LOUVAIN, 112

1897

RECHERCHES

SUR

LA MATURATION, LA FÉCONDATION ET LA SEGMENTATION

CHEZ LES POLYCLADES

RECHERCHES

SUR

LA MATURATION, LA FÉCONDATION ET LA SEGMENTATION

CHEZ LES POLYCLADES

PAR

P. FRANCOTTE

(TRAVAIL DÉPOSÉ A LA SÉANCE DU 6 MARS 1897.)

BRUXELLES

HAYEZ, IMPRIMEUR DE L'ACADÉMIE ROYALE DES SCIENCES
DES LETTRES ET DES BEAUX-ARTS DE BELGIQUE
RUE DE LOUVAIN, 112

1897

INTRODUCTION

Nos premières recherches concernant le développement de la Trémellaire (*Leptoplana tremellaris*, Oersted) datent de 1883 ; pendant les mois d'août et de septembre de cette année, nous avons entrepris, au laboratoire d'Ostende, l'étude des Turbellariés des côtes de Belgique, sur les conseils de M. Éd. Van Beneden [1] ; dès cette époque, nous avons essayé avec un certain succès la méthode des coupes sur les pontes de Leptoplanaire; plusieurs préparations confectionnées à cette époque nous ont été utiles dans les recherches dont la description va suivre. En avril 1884 et au mois d'août de la même année, nous avons continué cette étude. Enfin, en 1893, encore à Ostende, pendant les grandes vacances, nous nous sommes de nouveau occupé exclusivement du développement de la Trémellaire. En 1894 et en 1895, en mai et pendant la deuxième quinzaine du mois de septembre de 1896, M. Hallez, professeur à l'Université de Lille, a bien voulu nous recevoir à son laboratoire de Le Portel (Boulogne). Pendant un séjour de trois mois, nous y avons reçu l'hospitalité la plus large et la plus généreuse. Enfin, grâce au bienveillant accueil que nous ont fait MM. d'Arsonval et Fabre-Domergue, directeurs de la station zoologique de Concarneau, nous avons pu étendre nos recherches à plusieurs Polyclades des côtes de Bretagne. Si nous donnons les quelques détails qui précèdent, c'est que, n'ayant à notre disposition qu'un rudiment de laboratoire entretenu à nos frais, nous apprécions mieux que

---

[1] Éd. Van Beneden, *Compte rendu sommaire des recherches entreprises à la station biologique d'Ostende pendant les mois d'été 1883*. (Bulletins de l'Académie royale de Belgique, n° 11, 1883.)

personne l'aide scientifique qui nous a si généreusement été offerte par les savants étrangers; nous exprimons donc à nos collègues qui ont bien voulu nous faciliter nos recherches toute notre gratitude.

Pendant l'élaboration de notre travail, nous avons eu souvent recours aux conseils éclairés de notre ancien maître, M. Éd. Van Beneden; qu'il reçoive ici l'expression de toute notre reconnaissance.

Dans cette note préliminaire, nous nous contenterons, en ce qui concerne l'historique, de renvoyer, pour le développement de la Trémellaire et de *Oligocladus,* au grand travail de Hallez intitulé : *Contribution à l'histoire naturelle des Turbellariés,* Lille, 1879. Également pour la Trémellaire et pour *Prosthecerœus vittatus,* nous citerons les ouvrages de Selenka intitulés : 1° *Zoologische Studien. Zur Entwickelungsgeschichte der Seeplanarien;* 2° *Zur Entwickelungsgeschichte der Seeplanarien* (Biologisches Centralblatt, Bd I, 1881-1882, p. 229); 3° *Ueber eine eigentümliche Art der Kernmetamorphose* (Idem, p. 492).

Sous le nom de *Eurylepta cristata,* ce savant auteur a étudié en 1880, à Concarneau, le Polyclade qui a été dénommé définitivement depuis, par Lang, *Prosthecerœus vittatus.*

Enfin, le grand travail de Lang intitulé : *Die Polycladen. Fauna und Flora zu Neapel,* 1884, contient un résumé historique en même temps que l'étude de différents points intéressant le développement des Polyclades. Constatons en passant que la figure 40 de la planche XX représente un œuf utérin de *Thysanozoon brochii* au stade monaster; aux deux extrémités du fuseau, on voit deux corps colorés qui ne sont autre chose que l'image des corpuscules centraux que l'auteur n'a d'ailleurs pas décrits.

RECHERCHES

SUR

LA MATURATION, LA FÉCONDATION ET LA SEGMENTATION

CHEZ LES POLYCLADES

I.

LEPTOPLANA TREMELLARIS.

La maturation de l'œuf s'accomplit en partie, chez la Trémellaire (*Leptoplana tremellaris*), comme chez tous les Polyclades d'ailleurs, dans l'utérus même; la cinèse préalable à la sortie du premier globule polaire débute dans l'intérieur de l'animal. Dans la dernière portion de l'utérus, on découvre sur des coupes un grand nombre d'œufs au stade de la métacinèse. Quand cet organe est fortement distendu par son contenu, ce qui arrive surtout chez les individus robustes, il est facile de se procurer quelques-uns des éléments renfermés dans l'utérus en piquant la paroi de cet organe avec une aiguille très fine. On recueille ainsi, sans trop de difficulté, un certain nombre d'œufs dépourvus de coque; il est de la sorte plus aisé de les étudier, soit sur le frais, soit dans un sérum approprié, soit encore dans les réactifs. Sur des coupes, on voit les œufs dans cette dernière portion de l'utérus plongés dans un liquide ou plutôt dans un magma qui retient les couleurs d'aniline et qui résiste même assez fortement à la décoloration employée dans la méthode à l'hématoxyline au fer de Heidenhain. La pénétration du spermatozoïde s'est déjà effectuée à ce moment. C'est ce magma qui, expulsé en même temps que les œufs, constituera la coque de ces derniers; il formera, en durcissant dans l'eau de mer, la plaque dans laquelle toute la ponte sera enveloppée. Cette plaque a une couleur légèrement jaunâtre; elle mesure jusqu'à 2 centimètres de longueur sur 1 de largeur. Les œufs y sont disposés sur une épaisseur d'une seule rangée; ils sont expulsés un à un, en ligne droite, et placés les uns à côté des autres, dans le sens de la largeur de la plaque; par millimètre carré, on en compte quarante à soixante. Ils ont en moyenne 160 μ de diamètre. Les coques sont légèrement comprimées les unes par les autres; mais le protoplasme ovulaire n'est pas atteint par cette compression; la forme de ce dernier est celle d'un ovoïde. De nombreux petits cercles tangents sont comme gaufrés dans la coque et nuisent beaucoup à l'étude par transparence de son contenu; les réactifs fixateurs donnent à la substance dans laquelle les œufs sont inclus un aspect fibreux qui nuit également aux observations. Les œufs ne remplissent pas complètement la cavité de la coque; ils sont plongés dans un liquide périvitellin dans lequel nagent, au début, quelques spermatozoïdes.

Les pontes sont déposées sur les pierres lisses, sur les algues. Elles sont également étalées en plaques dans les aquariums où l'on élève les Trémellaires (HALLEZ, 79).

Au moment de la ponte, laquelle, d'après nos observations, a lieu dans la deuxième partie de la nuit ou vers le matin, la figure cinétique occupe encore le centre de l'œuf; mais bientôt le pôle externe atteint la périphérie, de sorte que le corpuscule polaire destiné à l'expulsion est voisin de la surface. En arrivant le matin au laboratoire, vers 8 heures, nous étions toujours certain, à Ostende, au Portel comme à Concarneau, de trouver des œufs dans un état voisin de celui dont nous venons de parler. A différentes reprises, nous avons observé les œufs pendant la nuit, à 2, 3 et 4 heures du matin, au moment de la ponte : ils étaient dans un état voisin de celui que nous venons de décrire. Si jusqu'au matin les phénomènes du développement se passent lentement, il ne faut attribuer le retard qu'à la température plus froide de la nuit. Il arrive assez souvent que des œufs sont pondus pendant le jour, et dans ce cas, il ne se produit aucun retard dans l'évolution. Est-il besoin de le dire? la rapidité du développement est ici comme ailleurs fonction de la température, et il arrivera qu'un stade mettra une heure pour s'accomplir à une température ordinaire, tandis que s'il fait plus chaud, le tout se passera en beaucoup moins de temps. Dans certaines pontes, on peut rencontrer, rarement il est vrai, des œufs dont presque toutes les vésicules germinatives se trouvent à l'état de repos; il est alors possible de suivre toute la maturation à l'extérieur de l'animal. Ce fait a été observé par Hallez (79), qui figure un œuf (planche IX, fig. 1 et 2) pondu muni de sa vésicule germinative.

Nous avons étudié les œufs sur le vivant, puis en les soumettant aux réactifs au fur et à mesure de leur développement; dans une même ponte, ils sont tous sensiblement au même stade; toutefois, à la périphérie d'une plaque, le développement est toujours un peu plus avancé. En détachant d'une même plaque un certain nombre d'œufs, on peut successivement obtenir des préparations aux différents stades en observant des temps convenables.

Pour couper les œufs, nous avons rencontré de réelles difficultés. De toutes les méthodes que nous avons essayées, c'est encore l'inclusion à la paraffine qui nous a donné les meilleurs résultats; mais il est nécessaire, pour arriver au but, d'imbiber méthodiquement la ponte de celloïdine dissoute dans l'alcool et l'éther et de durcir ensuite. Malgré ces précautions, les insuccès sont toujours nombreux. Souvent, quoi qu'on fasse, les coques se recroquevillent; elles compriment le protoplasme; l'examen est ainsi rendu difficile ou impossible.

L'étude par transparence n'est pas non plus sans présenter de sérieuses difficultés, à cause des granulations vitellines qui se chargent de la plupart des réactifs colorants.

Voici, en résumé, les méthodes que nous avons suivies et qui nous ont donné les meilleurs résultats : nous fixons par une dissolution aqueuse d'acide nitrique à 3 °/₀, par le liquide de Hermann ou le liquide de Foll; un mélange d'acide acétique (1 partie) et d'alcool (10 parties) a aussi été employé. Nous surveillons l'action du réactif sous le microscope et nous arrêtons l'effet à point voulu, c'est-à-dire quand l'œuf est transparent et que les sphérules du protoplasme ont disparu. Nous extrayons ensuite le réactif fixateur à l'aide du liquide suivant :

> Glycérine 10
> Alcool à 90°. 10
> Eau 80

Après un lavage suffisant, nous plaçons dans un verre de montre ce même liquide glycériné, et nous y ajoutons alors l'une ou l'autre solution colorante formulée ci-dessous, mais toujours en faible quantité (5 à 10 gouttes).

Eau. 80	Eau. 80	Eau 80
Glycérine . . . 10	Glycérine . . . 10	Glycérine. . . . 10
Alcool 10	Alcool. . . . 10	Alcool. 10
Vert de méthyle, $0^{gr},1$	Vert de malachite, $0^{gr},05$	Orange C. . . $0^{gr},1$
Acide acétique, 1 goutte.	Vésuvine [1]. . . $0^{gr},1$	Fuchsine acide . $0^{gr},01$
		Vert de méthyle. $0^{gr},01$
		Acide acétique, 1 goutte.

Nous proposons d'appeler le colorant au vert de malachite et à la vésuvine, le réactif de Van Beneden ; nos recherches prouvent que, pour mettre en relief les corpuscules centraux sur des œufs entiers, il a une valeur au moins égale à la laque de fer de Heidenhain, qui donne cependant sur des coupes de si brillants résultats. Ce réactif, comme nous le verrons par la suite, nous a permis, au stade des pronuclei, de constater l'existence de l'ovocentre et du spermocentre, alors que sur des œufs à la même phase, l'hématoxyline au fer avait échoué. Nous sommes heureux de rappeler, à ce propos, l'opinion de Kostanecki et Siedlecki (96^2, p. 207) : ces deux auteurs constatent qu'il est étonnant combien de choses Van Beneden a pu voir sur les œufs entiers qu'il a étudiés ; ce n'est que par les moyens d'une technique subtile et perfectionnée que de nouveaux faits peu connus ont été découverts ou que quelques points secondaires ont été réfutés.

---

[1] Ce réactif, qui est qualitativement le même que celui que M. Éd. Van Beneden a employé pour mettre en relief les corpuscules centraux chez l'*Ascaris megalocephala*, nous a souvent donné de bons résultats, non seulement chez la Trémellaire, mais encore chez d'autres Polyclades.

Nous colorons également à la thionine en dissolvant dans 30 centimètres cubes du liquide glycériné indiqué plus haut 1 décigramme de cette substance. Nous procédons d'ailleurs, avec la thionine, comme avec les autres réactifs.

Pour monter sur lame, en préparation définitive, nous nous servons du liquide qui a été employé pour colorer et qui a été obtenu à l'aide de la glycérine diluée au dixième et à laquelle, comme nous l'indiquons plus haut, nous avons ajouté, par contenance d'un verre de montre ordinaire, cinq à dix gouttes de réactif colorant.

Voici la raison de toutes les précautions que nous venons d'indiquer : les œufs de la Trémellaire absorberaient une quantité considérable de couleur, si l'on employait des solutions concentrées ; par des lavages, on n'arrive que très difficilement au but désiré ; ces lavages peuvent ratatiner la coque ou bien atteindre le vitellus ; l'enveloppe de l'œuf est d'ailleurs relativement peu perméable. Il vaut donc mieux procéder par une coloration méthodique directe ; il se produira également une décoloration efficace par l'altération à la lumière des substances colorantes, que l'on modérera ou que l'on arrêtera même en plaçant les préparations à l'obscurité.

Les préparations ayant été terminées comme nous l'indiquons plus haut, sont abandonnées dans un endroit pas trop chaud. L'alcool et l'eau s'évaporent lentement ; la glycérine se concentre sans altérer la structure de l'œuf ; seule la coque se distend plus ou moins considérablement, ce qui est d'ailleurs favorable à l'étude. Il en serait tout autrement si l'on employait d'emblée une glycérine plus concentrée.

A mesure qu'il se forme un vide sous la lamelle, on ajoute de la glycérine au $^1/_{10}$. Quand l'évaporation ne se produit plus, on ferme les préparations en employant un lut quelconque. Elles peuvent se conserver ainsi toute une année et même plus sans s'altérer ; mais beaucoup redeviennent troubles par l'apparition, dans le protoplasme de l'œuf, des sphérules qui, au début, étaient rendues transparentes.

Nous avons essayé de monter au baume en suivant une marche analogue à celle qui a été indiquée par Kultschitzky (**88**). Mais au lieu du carmin

2

acétique indiqué par cet auteur pour colorer, nous avons été obligé d'employer l'hématoxyline.

Nous fixons au sublimé acétique ; nous lavons à l'alcool à 50° iodé, puis à l'alcool à 78° pur ; nous colorons pendant plusieurs heures à l'hématoxyline [1] ; nous lavons aux alcools à 50° et à 70°, puis nous passons dans l'acide acétique glacial ou dans un mélange de ce dernier acide et d'alcool absolu ; l'hématoxyline se décolore rapidement ; étant arrivé à une élection voulue, nous passons dans la créosote qui clarifie. Nous montons maintenant dans un mélange de baume et de créosote ; quand un vide se fait par l'évaporation de cette dernière substance, nous ajoutons du baume créosoté. Les préparations sont permanentes ; nous en conservons depuis 1893 ; elles montrent très bien les chromosomes colorés en rouge ou en violet ; mieux que par n'importe quelle méthode, on peut étudier leur forme avec beaucoup de précision ; on découvre encore fort bien les sphères attractives ; les corpuscules centraux retiennent trop peu la couleur, et quand on les découvre, ils sont pâles ; le fuseau central, étudié avec un homogène, se montre très bien. L'avantage de ce procédé est de donner des préparations permanentes et de permettre d'étudier les chromosomes. Il ne pourrait pas cependant être employé à l'exclusion des autres méthodes. Il résulte de ce que nous venons de faire connaître que l'étude des œufs de la Trémellaire est très laborieuse ; et, tout en présentant des points délicats et difficiles, l'étude du développement d'autres Polyclades est loin d'offrir tant d'obstacles.

En examinant un œuf de Trémellaire vivant, qu'il soit extrait de l'utérus ou qu'il appartienne à une ponte fraîche, on voit qu'il contient de petites sphérules disposées suivant des rayons dirigés vers le centre de la figure cinétique. Celle-ci se laisse apercevoir vaguement, ou tout au moins on en peut déterminer la situation ; les sphérules paraissent maintenues par des radiations plus sombres ; ces dernières se dirigent aussi vers le centre des figures cinétiques. On voit parfaitement bourgeonner les globules polaires,

---

[1] La formule de Bœhmer donne de bons résultats. On peut employer n'importe quelle solution recommandée par les auteurs.

et leur expulsion n'est pas sans présenter de l'intérêt. Mais l'œuf de notre Polyclade est trop sombre pour que l'on puisse prendre connaissance des phénomènes qui se produisent dans son contenu. Il est indispensable de le soumettre aux réactifs. Si l'on fait pénétrer sous la lamelle une goutte de liquide de Hermann, de liquide de Foll ou d'acide nitrique dilué à 3 °/₀, le réticulum cytoplasmique, dont on devinait la charpente principale, apparaît avec une grande netteté; à mesure que le réactif rend transparentes les sphérules dont nous avons parlé plus haut, on découvre successivement, du centre vers la périphérie, les mailles dont le réseau cytoplasmique est constitué. On peut se convaincre par cette expérience que ce réseau existe dans le protoplasme, et que ce n'est point là une coagulation d'une partie de ce dernier sous l'influence des réactifs. Des rayons principaux partent des anastomoses; il existe ainsi des mailles dont les fibres produisent à leur rencontre des nœuds. Examinées à l'homogène apochromatique de Zeiss 2 millimètres, les fibrilles du réseau cytoplasmique ont un aspect moniliforme, parce qu'elles sont constituées de fins corpuscules juxtaposés. L'examen des figures 5, 6 et 7 (pl. 1) prouve à la dernière évidence que les rayons externes des asters, qui vont atteindre la surface de l'œuf, ne sont que des différenciations du réseau cytoplasmique; de ces radiations, qui traversent la sphère attractive et qui vont s'insérer jusqu'au corpuscule central, il part souvent des rayons secondaires (fig. 6 et 7, pl. 1), de même nature que les rayons principaux; nous voyons dans ce dernier fait une preuve que les radiations des asters ne sont, comme nous venons de le constater, que des différenciations du réseau lui-même. Ce dernier se modifie donc constamment, à mesure que s'accomplissent les phénomènes cinétiques.

Les œufs dans les oviductes et dans la première partie de l'ovaire sont chargés tellement de deutoplasme réparti irrégulièrement dans le protoplasme, que l'étude de l'œuf est rendue difficile. Ce deutoplasme semble s'amasser par la suite vers l'un des hémisphères de l'œuf; à cet hémisphère correspond le pôle végétatif des auteurs; vers l'autre hémisphère correspond le pôle suivant lequel s'expulseront le premier et le second globules polaires. Pour faciliter nos descriptions, nous appellerons ce pôle, le pôle d'expulsion. D'après la structure de l'œuf, nous croyons que ce pôle est vraiment prédestiné à l'expulsion. Quand on colore à l'hématoxyline au fer, la plus grande partie de l'hémisphère végétatif garde fortement la coloration ; vers le pôle d'expulsion, la décoloration se fait facilement. A la périphérie de l'œuf, il reste toujours cependant une zone formée de sphérules qui retiennent la laque de fer (fig. 3, 12 et 28, pl. I). La description sommaire qui précède nous paraît suffire à l'intelligence de ce qui va suivre. Rappelons ici que Éd. Van Beneden, dans son travail de 1883, a émis l'avis que le réseau protoplasmique produisait les radiations des asters et que ces radiations étaient moniliformes, constituées de fins microsomes réunis par des interfils (p. 266). Sous ce rapport, l'œuf de Trémellaire rappelle celui de l'*Ascaris*.

Corpuscules centraux et sphères attractives.

Quelles que soient la fixation et la coloration que nous ayons employées pour déceler le corpuscule polaire, il ne nous a été possible, soit sur des coupes, soit sur des œufs entiers obtenus par dilacération ou par piqûre, de découvrir cet élément que dans les œufs utérins assez développés et dont la vésicule germinative encore au repos renferme déjà un filament de chromatine moniliforme au stade spirem. C'est donc à partir de ce moment qu'il nous a été possible d'étudier le corpuscule central, que nous avons constamment retrouvé par la suite. Nous faisons abstraction des éléments contenus dans les ovaires et dont nous nous réservons de faire l'étude par la suite.

Dans les états antérieurs, l'élément qui nous occupe ne peut être distingué, parce que les granules deutoplasmiques se colorent de la même façon que le corpuscule central. Mais quand ces granules disparaissent, alors qu'ils semblent se retirer vers l'hémisphère végétatif ou dans une zone périphérique de l'œuf, le corpuscule polaire se montre toujours fort bien à tous les stades, surtout sur des coupes ; nous avons pu l'observer dans les cellules de segmentation jusqu'au stade gastrula. Dans les ovules non mûrs, nous le trouvons le plus souvent unique ; nous le voyons alors s'allonger, puis se fendiller et se diviser ainsi en deux nouveaux corpuscules polaires.

Dans certaines séries de préparations, les choses sont telles que l'on pourrait croire cependant que deux corpuscules centraux apparaissent à la fois. Sur les figures 9, 10, 11, 12, 13 et 24 (pl. I), on le voit représenté aux différents stades des globules polaires. Les coupes qui nous ont donné ces images proviennent de Trémellaires traitées par le chlorure mercurique acétique; la coloration employée est l'hématoxyline au fer de Heidenhain.

Coloré à l'hématoxyline au fer, le corpuscule central paraît ordinairement homogène; on n'y découvre que rarement une ou deux granulations. Les fibres rayonnantes des asters viennent s'y insérer; au point d'insertion de ces fibres, on constate, en faisant varier la vis du microscope, de légers renflements qui feraient croire, si l'on n'y prenait garde, que le corpuscule central serait constitué de fines granulations. Cette remarque s'applique surtout aux préparations entières. Le photogramme 25 (pl. I) montre un cercle de ces renflements autour du corpuscule central. Le diamètre du corpuscule central varie chez la Trémellaire; il est déjà relativement très considérable. Dans certaines préparations, on ne trouve que des œufs où se montre, à l'extrémité d'un même diamètre, un corpuscule central. Si l'on ne rencontrait que de pareilles préparations, on serait tenté d'admettre que deux corpuscules centraux apparaissent à la fois dans l'œuf.

Nous avons toujours vu le corpuscule central inclus dans une masse de protoplasme différencié, irrégulièrement étoilé, se colorant en gris bleuâtre par la laque de fer, en vert sombre par le colorant de Van Beneden, en bleu foncé par la thionine; c'est pour nous la sphère attractive; elle est absolument l'homologue de la même formation décrite par Van Beneden dans ses deux mémorables travaux de 1884 et 1887. Elle est formée de très fins microsomes radiés vers le corpuscule central; ces fins microsomes sont indépendants des rayons des asters qui viennent s'insérer aux corpuscules centraux.

Dans les œufs utérins, il arrive que les corpuscules polaires ont les mêmes dimensions que les segments nucléaires (fig. 9 et 10, pl. I), et la ressemblance entre les segments nucléaires et les corpuscules centraux, quand on traite par la laque de fer, est telle qu'on pourrait croire que ces deux sortes d'éléments ont même composition chimique (fig. 9 et 10, pl. 1). Mais si l'on emploie la coloration de Biondi, les segments nucléaires se teignent en vert intense ; et quant au corpuscule central, si l'on n'avait pour guide la différenciation de la sphère qui prend une teinte rouge intense, on ne serait pas certain de le distinguer des autres granules du protoplasme, la couleur qu'il prend étant rouge faiblement rosée.

Quand la membrane de la vésicule germinative a disparu, le résidu de cette dernière, autre que les fuseaux et les chromosomes, est tellement confondu avec la substance de la sphère attractive, que les colorants teintent d'une égale intensité ces choses qui paraissent si distinctes ; avec des objectifs très résolvants, ce résidu nucléaire et les sphères attractives semblent être constitués de très fins microsomes. L'une de nos préparations, qui a subi une pression, nous montre une masse sphérique dans laquelle nous trouvons les deux corpuscules centraux entourés de leur sphère attractive ; entre les deux sphères attractives se trouvent les chromosomes au stade de la métacinèse ; le tout a été expulsé en un ensemble qui prouve qu'à un moment toutes ces formations ont des rapports très étroits ; les rayons des asters sont restés dans l'œuf, séparés des substances qui lui ont été enlevées.

Nous n'avons jamais rencontré de corpuscule central sans sphère attractive ; il est vrai que, trouvant dans le protoplasme cytodique un élément se colorant comme un corpuscule central par la méthode à la laque de fer de Heidenhain, rien ne pouvait nous faire décider si c'était là un véritable corpuscule polaire ou une sphérule deutoplasmique ; ces deux sortes d'éléments ont pour le réactif dont nous venons de parler une élection de même ordre. Sous ce rapport, la Trémellaire n'est pas un matériel d'étude bien favorable, du moins avec la technique actuelle.

Il est rare de trouver un œuf dans lequel on ne rencontre pas un ou plusieurs éléments de deutoplasme ayant conservé la même quantité de couleur (malgré un lavage soigné) ; d'où il résulte une grande difficulté si l'on veut différencier ces deux sortes d'éléments.

A l'origine, le corpuscule central se trouve presque toujours dans le voisinage immédiat de la membrane du noyau. Nos préparations nous

montrent tous les états de division de la sphère attractive. Elle s'allonge en
même temps que le corpuscule central, et quand ce dernier a fourni deux
nouveaux éléments, les sphères filles (photog. 12, pl. I) se séparent et
vont occuper deux pôles opposés de la vésicule germinative avec la paroi
de laquelle elles restent en contact; à ce moment, les radiations polaires
des asters qui ont apparu précédemment atteignent la surface de l'œuf.
Comme Van Beneden (87), nous avons d'abord vu deux sphères attractives
dans l'ovule qui va entrer en maturation.

Vésicule germinative.

Dans la partie initiale de l'utérus, on trouve des ovules de toutes les
dimensions. La vésicule germinative y est volumineuse; sur le vivant, dans
des œufs obtenus par dilacération, on la voit très claire et très nette au
milieu du protoplasme plus sombre. Elle mesure en moyenne 30 μ; dans
cet état, le nucléole a un diamètre de 9 μ (fig. 1 et 2, pl. I).

La charpente nucléaire est filamenteuse; elle varie suivant l'âge de
l'œuf; elle forme un réseau très irrégulier; ce dernier envoie de nombreuses fibres à la membrane nucléaire, qui se montre fort nettement.

De nombreux nœuds marquent l'entrecroisement des filaments; la linine
semble prédominer dans toutes ces fibres. Aussi la charpente nucléaire se
colore-t-elle relativement peu. Le vert de méthyle la met bien en relief,
sans cependant produire de surcoloration; il en est de même de la laque de
fer de Heidenhain. Le nucléole, au contraire, se colore vivement (fig. 1, pl. I).

Par la suite, il apparaîtra un filament, un peloton contourné en nombreuses sinuosités; l'aspect du filament est moniliforme; il est constitué en
effet de corpuscules chromatiques séparés par de petites lames de linine.

Le stade spirem est ainsi réalisé. Par la suite encore, le filament chromatique augmente d'épaisseur; il forme des anses tournées vers un pôle du
noyau; ce dernier répond au champ polaire de Rabl. Ce fait a été constaté
aussi chez l'*Ascaris* par Éd. Van Beneden. Chez *Prosthecereus villatus*,
la même disposition existe également.

Comme nous l'avons dit plus haut, le nucléole se colore vivement par les réactifs appropriés (fig. 1, pl. I). Plus tard, il prendra beaucoup moins les réactifs colorés (fig. 2, pl. I), et à mesure que le stade s'avancera, il tendra à disparaître; cependant, on en retrouve encore quelquefois des traces quand la membrane nucléaire a disparu.

Avant cette disparition de la membrane, la vésicule est bosselée; la chromatine se résout en huit petits corps chromatiques, qui ont le plus souvent l'aspect sphérique (fig. 8, 9, 10 et 14, pl. I), mais ils ressemblent aussi à de petits bâtonnets. Quelquefois ces corps sont légèrement mamelonnés ou quadrilobés. Nous avons vu très souvent ces corps simuler la forme (fig. 22, pl. I) de petites perles creuses à enfiler. Plus bas, dans l'utérus, les corps chromatiques prennent l'apparence de véritables anneaux circulaires ou elliptiques, ou de figures bizarres en courbes irrégulières et à circonférence rentrée. Plus tard encore, les corps chromatiques sont constitués par quatre petites sphères réunies par de minces connectifs, de sorte que l'ensemble rappelle un losange ou un quadrilatère; les sommets sont occupés par les petites sphères. Le photogramme 14 (pl. I) nous montre trois de ces corps; deux surtout se distinguent fort bien au-dessus du chiffre 4, dans l'état que nous venons de décrire. Il s'agit ici d'un œuf coupé dans l'utérus, fixé par le chlorure mercurique acétique, la coloration ayant eu lieu à la laque de fer de Heidenhain.

Sur des œufs extraits par piqûre, les phénomènes que nous venons de décrire se découvrent facilement, parce que l'on voit l'ensemble de ces figures, les coupes n'en montrant le plus souvent qu'une partie; la fixation peut avoir lieu par l'un ou l'autre des réactifs indiqués plus haut; la coloration qui convient le mieux sera le vert de méthyle-fuchsine acide orange G ou la thionine.

Les dimensions des figures dont il s'agit ici varient beaucoup suivant les longueurs des filaments qui réunissent les petites sphères. Quelquefois les filaments connectifs n'existent pas ou ils sont si courts que les quatre sphères sont presque tangentes. Sans nul doute, ces formations sont analogues aux groupes quaternes connus ailleurs et qui, dans ces derniers temps, ont fait l'objet des travaux de Boveri, von Rath, Häcker et Rückert. Au moment de la ponte, c'est presque toujours sous la forme des losanges décrits ci-dessus que l'on observe les segments nucléaires. Toutefois, il arrive aussi que ces segments se trouvent dans un état moins avancé; c'est ce que représente la figure 22 (pl. I).

Constitution de la figure cinétique du premier globule polaire.

Nous avons déjà dit plus haut comment les corpuscules centraux venaient occuper, enveloppés des sphères attractives, les deux pôles du noyau.

Nous savons aussi que les radiations polaires des amphiasters ne sont que des différenciations du réseau cytoplasmique.

Le fuseau périphérique (cônes principaux de Van Beneden) est d'origine cytoplasmique. Les fibres de ce fuseau pénètrent dans la vésicule germinative, alors que la membrane de celle-ci existe encore; c'est aux fibres de ce fuseau périphérique que se trouvent attachés les segments nucléaires décrits plus haut. Quant aux filaments des cônes accessoires de Van Beneden, ils sont d'origine cytoplasmique. Le fuseau central s'organise dans la vésicule germinative possédant encore sa membrane. A l'aide d'un objectif résolvant, on constate sans peine que des filaments formés de fins microsomes, probablement constitués de linine, s'étendent d'un corpuscule central à l'autre, ces éléments étant encore en contact avec la membrane nucléaire. L'organisation des éléments dits achromatiques de la figure cinétique se fait chez la Leptoplanaire identiquement de la même façon que chez *Prostheceræus*. A l'aide des photographies que nous avons pu obtenir concernant cet animal, il nous sera plus facile de décrire les phénomènes qui nous occupent en ce moment; d'ailleurs, chez *Prostheceræus*, les éléments sont beaucoup plus volumineux et plus nets.

La figure cinétique possédant la structure que nous venons de faire connaître occupe d'abord une position centrale (photogr. 4, pl. I); elle se transporte vers le pôle d'expulsion et, pendant ce trajet, les segments nucléaires changent de forme. Les trois segments qui occupent le centre ont l'aspect de deux clous placés tête contre tête, la partie amincie étant dirigée vers les corpuscules centraux; ces mêmes segments prennent aussi la forme d'un bâtonnet portant un certain nombre de renflements, le renflement du milieu étant plus volumineux que les autres. Les autres segments ont la forme d'un triangle isocèle dont la base, tournée vers les bâtonnets, serait parallèle à ces derniers, le sommet opposé à la base étant tourné en dehors.

3

Mais il arrive souvent encore que les côtés du triangle se recourbent, et
l'on obtient encore ici des figures bizarres, difficiles à décrire.

Pendant la métacinèse, la moitié des éléments chromatiques se séparent
suivant un plan passant par la tête des clous, par le milieu de la base et
par le sommet du triangle. La figure 15 (pl. I, œuf entier) nous montre les
segments nucléaires qui ont été ainsi partagés. Sur la photographie, on voit
deux des éléments provenant des triangles ; chacun des éléments est formé
de deux bâtonnets faisant entre eux un angle aigu ; les autres éléments sont
confondus et assez peu distincts, la photographie ne pouvant représenter
qu'un seul plan. Plus haut et à gauche, *p*, on trouve les éléments qui seront
emportés par le premier globule polaire. Quelle que soit la forme des segments nucléaires, nous pouvons dire qu'ils sont séparés, après le stade de la
métacinèse, en deux parties égales par une division perpendiculaire à l'axe
du fuseau. Pendant le stade du dyaster, les éléments chromatiques cheminant
vers les corpuscules centraux, il arrive souvent que les éléments dont les
deux branches étaient écartées se transforment en un bâtonnet par rappro-
chement des côtés des angles. L'expulsion du globule polaire ayant eu lieu,
nous trouvons dans l'œuf un corpuscule central déjà en partie divisé ou
même divisé, entouré d'une sphère attractive, et huit bâtonnets chromatiques
très voisins de la sphère attractive ; chacun de ces bâtonnets, examiné à
l'aide d'un objectif résolvant, laisse voir un sillon longitudinal.

Les causes produisant le bourgeon qui fournira les globules polaires sont
très complexes ; nous allons essayer d'en donner, dans une certaine mesure,
une explication.

Quand la figure cinétique correspondant à la formation du premier globule
polaire se trouve encore dans une position centrale (fig. 4, pl. I), sur des
œufs bien préparés et entiers, on peut constater que les radiations externes
des amphiasters diffèrent suivant la situation de ceux-ci. L'amphiaster correspondant à l'hémisphère végétatif possède des rayons beaucoup plus grêles ;
les anastomoses avec le réseau cytoplasmique sont plus lâches. L'amphiaster
d'expulsion, au contraire, possède des rayons énormes, à tel point qu'on
dirait que plusieurs radiations se sont soudées entre elles ; enfin, nous avons
vu presque toujours les œufs posséder, vers le pôle d'expulsion, un véritable

cône antipode, en tous points semblable à ce qui a été décrit chez l'*Ascaris megalocephala* par Éd. Van Beneden, **87**, p. 265 [1]. C'est à la contraction de ce cône, qui est formé de fibres très robustes, que nous attribuons en grande partie la marche de toute la figure cinétique vers le pôle d'expulsion ; les autres radiations des amphiasters qui atteignent la surface jouent également un rôle, mais il doit être moins efficace. Quant à l'amphiaster correspondant à l'hémisphère végétatif, il n'oppose qu'une faible résistance à l'accomplissement du phénomène dont nous venons de parler ; il est d'ailleurs entraîné par le fuseau central et le fuseau périphérique qui, eux aussi, se contractent probablement, mais relativement moins, attendu que les distances entre les deux corpuscules centraux restent longtemps sans varier beaucoup. A mesure que le centre de l'amphiaster arrive dans le voisinage de la base du cône antipode, les radiations externes se disposent en s'incurvant comme les baleines d'un parasol (fig. 5, 6 et 7, pl. 1). Bientôt des insertions temporaires se produisent à la surface de l'œuf et chaque radiation qui formait d'abord une courbe en arrivant à cette surface, forme une ligne brisée suivant un angle obtus, comme on le voit dans les photogrammes 6, 7 et 8. Il se fait que chaque radiation possède une insertion au corpuscule central, une insertion extrême à la surface de l'œuf, une autre insertion coudée moyenne également à cette surface ; l'ensemble de ces dernières insertions se fait suivant un cercle voisin du cercle antipolaire ou se confondant même avec lui. Si l'on se reporte à l'origine de la figure cinétique, on peut se convaincre que les bouts terminaux des radiations astrales ont changé complètement de direction par rapport à ce qui existait primitivement. Les contractions du cône antipode amènent bientôt la sphère attractive et le corpuscule polaire à la surface de l'œuf. Les figures 5 et 6 (pl. 1) nous montrent quelques fibres très robustes du cône antipode vers la fin du phénomène, alors que la base de ce cône s'est considérablement élargie.

Jusqu'ici les choses se passent, à notre avis, comme s'il s'agissait de la

---

[1] Nous avons pris connaissance d'une note de Van der Stricht (**96**) concernant *Thysanozoon* après la rédaction de ce passage. L'auteur cité a trouvé également un cône antipode dans les conditions que nous indiquons en ce moment.

division de l'œuf en deux blastomères, l'un des amphiasters n'ayant toutefois joué qu'un rôle passif. Il est à peine besoin de le dire, le cheminement des segments nucléaires vers les corpuscules centraux se faisant par la contraction du fuseau périphérique. Ce qui est plus difficile à expliquer, c'est le bourgeonnement du globule polaire et son expulsion.

Supposons le corpuscule central en contact avec la surface de l'œuf; à ce moment, nous avons vu très souvent que de fines insertions rattachaient encore le corpuscule central à cette surface; au reste, le corpuscule central s'aplatit bientôt contre cette même surface; les segments nucléaires sont maintenant très voisins du corpuscule central; le fuseau central envoie des fibres entre les deux corpuscules centraux.

Il n'est plus possible maintenant d'expliquer par une contraction fibrillaire l'expulsion du bourgeon polaire; mais, dans l'œuf, des pressions doivent se produire. Celles dont les effets sont le mieux constatés ont lieu quand un sillon circulaire se forme autour du corpuscule polaire externe (fig. 27, pl. I). Ce sillon circulaire est un affaissement de la surface de l'œuf, produit par les insertions des radiations, comme nous l'avons expliqué plus haut, ces radiations se contractant d'ailleurs.

Le corpuscule central est adhérent à la surface de l'œuf; il ne peut donc être entraîné par l'affaissement que nous venons de décrire; il en résulte que cette partie de l'œuf environnant le corpuscule central reste émergente sous forme d'un petit tronc de cône (fig. 27, pl. I).

Si l'on examine la distribution des radiations des amphiasters, on voit que de toutes parts les pressions s'exerçant dans l'hémisphère supérieur rencontreront de solides résistances dans l'agencement des fibres et même dans le réseau cellulaire. L'amphiaster interne offrira également une résistance, ses fibres formant actuellement des rayons qui vont rejoindre les radiations retournées de l'aster d'expulsion. La pression produite par le sillon circulaire autour du corpuscule polaire produira son effet au lieu de moindre résistance, et ce lieu de moindre résistance est situé vers le dehors; c'est, sans contredit, le cercle des insertions autour du corpuscule central externe; rien en ces points, vers l'extérieur, n'offre de résistance à la poussée produite par l'affaissement du sillon circulaire; de là, le bourgeonnement du globule polaire donnant issue au corpuscule polaire d'abord, aux segments nucléaires ensuite ; ces derniers sont d'ailleurs entraînés par les fibres du fuseau périphérique, toujours insérées vers l'intérieur au corpuscule central.

Les fibres du fuseau central, insérées aussi au corpuscule central, sont entraînées avec le reste du globule polaire ; sur ces fibres du fuseau central apparaîtront bientôt, aux points tangents avec l'œuf, de fins microsomes très colorables par les réactifs appropriés ; ils constituent une véritable plaque cellulaire.

Outre la poussée du sillon circulaire vers le centre de l'œuf, il se peut aussi que l'amphiaster interne lui-même, marchant vers le pôle expulseur, détermine également des pressions qui interviennent parmi les causes amenant le bourgeonnement des globules polaires. Des radiations qui correspondent à cet amphiaster interne vont s'insérer à la surface de l'hémisphère opposé.

Les explications que nous venons de donner et que nous ne regardons d'ailleurs que comme provisoires, nous réservant de revenir bientôt sur l'étude de ces phénomènes, s'appliquent aux Polyclades qui feront l'objet de nos descriptions actuelles ; elles s'appliquent aussi à l'expulsion du deuxième globule polaire.

Aux points de contact où le premier globule polaire reste attaché, on découvre une plaque cellulaire parfaitement colorée ; elle est d'une très grande netteté. Au stade du dyaster, elle a commencé à se montrer et elle est devenue, par la suite, de plus en plus nette.

Constatons, en passant, que le premier globule polaire, au lieu de produire un élément très petit, est quelquefois constitué d'une grande cellule qui atteint le quart et même le tiers du restant de l'œuf.

Formation et expulsion du deuxième globule polaire.

La reconstitution de la figure cinétique correspondant au deuxième globule polaire présente, chez la Trémellaire, dans son étude, de réelles difficultés, du moins pour ce qui concerne l'origine des fuseaux.

La sphère attractive et le corpuscule polaire resté dans l'œuf se divisent ;

celui-ci est déjà bilobé (comme le montre le photogramme 24, pl. I) avant
que le premier globule polaire soit expulsé ; sur la figure 11, on le voit
complètement divisé.

Les radiations externes des amphiasters sont visibles constamment. Les
huit segments nucléaires ayant d'abord l'aspect de bâtonnets à sillons longi-
tudinaux, comme nous l'avons vu ci-dessus, sont plongés dans de très fins
microsomes qui semblent se confondre avec la substance de la sphère
attractive constituée également de fins microsomes. Sans passer par le stade
de repos et par le stade spirem, les huit segments nucléaires restent toujours individualisés ; ils changent cependant de forme. Ils prennent le plus
souvent un aspect quadrilobé ou de petites croix. Par la suite, nous trouvons
au milieu du fuseau, au stade monaster, huit segments en forme de losanges
ou en forme de bâtonnets. Les bâtonnets sont constitués chacun par huit
petites sphères superposées. Ils proviennent sans doute des losanges dont
l'ouverture se serait effacée par la traction des fibres du fuseau périphérique. Des tractions ayant lieu aux sommets opposés des losanges doivent
tendre à effacer l'espace entre les côtés des losanges.

Au stade *dyaster*, chacun des bâtonnets se coupe par le milieu ; quant
aux petits losanges, ils se coupent suivant la diagonale perpendiculaire à
l'axe du fuseau ; chacun des losanges produit ainsi un angle à sommet
dirigé vers le corpuscule polaire. Il résulte de ce que nous venons de dire
que les bâtonnets et les losanges sont des choses semblables quant au fond,
mais différentes quant à la forme extérieure.

Le photogramme 20 (pl. I) nous montre l'image de l'œuf entier à la
fin de ce phénomène. Nous voyons la substance chromatique, très colorée,
constituer une masse voisine de la sphère attractive ; à l'aide de l'objectif
2^{mm} apochr. de Zeiss, cette sphère se résout en de fins microsomes radiés,
comme il en a été question précédemment. L'œuf que nous avons photographié nous montrait nettement le corpuscule polaire (ovocentre) au milieu
de la sphère attractive. Les radiations externes des amphiasters se distin-
guaient avec une grande netteté ; elles s'anastomosaient avec les fibres formant les mailles du réseau cytoplasmique ; elles vont atteindre en rayonnant
jusqu'à la surface même de l'œuf. Le reste du fuseau central se montre

encore tendu entre le deuxième globule polaire et le résidu de la figure resté dans l'œuf. Il existe une plaque cellulaire très nette, qui reste tangente aux points où le globule polaire est en contact avec l'œuf.

Pronucleus femelle.

Le protoplasme entourant les éléments chromatiques est formé de fins microsomes; il se différencie bien difficilement de la sphère attractive. Il prend un aspect étoilé; une membrane nucléaire apparaît; la sphère attractive se différencie alors, elle est intimement adhérente à la surface de la membrane nucléaire dont elle recouvre une assez grande superficie. Le pronucleus devient vésiculeux; il est dans le stade de repos; il affecte une forme sphérique; il contient un gros nucléole et une charpente chromatique ténue où la linine semble être très abondante; outre le gros nucléole sphérique, on trouve aussi quelques sphères prenant également bien les couleurs. Le pronucleus femelle mesure en moyenne 23 μ de diamètre; il contient un nucléole de 4 à 5 μ de diamètre. D'abord périphérique, il se dirige vers le pronucleus mâle dont nous donnerons bientôt la description. Le photogramme 16 (pl. I, œuf entier) nous montre le pronucleus femelle f au moment où la membrane se constitue; on voit que des radiations de protoplasme l'entourent encore de toutes parts. En examinant les photographies 17 et 18 (pl. I, œuf coupé), nous découvrons l'élément qui nous occupe en ce moment, sous forme d'une sphère et coiffé de la sphère attractive. Dans le photogramme 17, le pronucleus femelle f est recouvert supérieurement de la sphère attractive S, dans laquelle on voit le corpuscule central. L'œuf qui nous a donné la photographie 18 montrait également la sphère et le corpuscule central.

Pronucleus mâle.

Nous avons vu précédemment que la pénétration du spermatozoïde avait lieu alors que l'œuf s'entourait de sa coque. Cet élément est un long filament qui pénètre tout entier dans l'œuf; c'est sur des coupes qu'on le voit le mieux, quelquefois contourné sur lui-même. La laque de fer de Heidenhain le colore fort bien en entier ; la tête est fortement teintée en noir-violet, la queue est bleu pâle ; la pièce intermédiaire prend une coloration moyenne, mais il arrive aussi qu'elle se charge d'autant de couleur que la tête. La tête du spermatozoïde semble se condenser tout entière en une masse chromatique, sphérique d'abord, qui s'entoure de protoplasme irradié ; la queue persiste quelque temps. Elle finit par disparaître. Il ne nous a pas été possible de suivre toutes les transformations de la pièce intermédiaire pour donner le corpuscule central ; nous avons, sous ce rapport, été plus heureux avec un autre Polyclade dont il sera question dans la suite. Le pronucleus mâle qui vient de se constituer, reste quelque temps irrégulier tout en augmentant de volume ; il se recouvre d'une membrane (fig. 16, M). On aperçoit déjà alors, dans la masse du demi-noyau mâle, un grand nucléole. Quant à l'élément chromatique, il est réparti en une charpente colorable, mais d'une façon relativement peu intense, par conséquent contenant beaucoup de linine.

Y a-t-il un corpuscule central mâle ? Pendant longtemps nous n'avons pas su mettre en évidence cet élément, malgré le nombre considérable d'œufs que nous avons examinés et qui nous montraient cependant pour la plupart le corpuscule central (avec sphère attractive) accompagnant le pronucleus femelle.

La photographie 16, image d'un œuf entier, nous montre en M le pronucleus mâle (F est le pronucleus femelle) ; l'aspect, sur la préparation, du pronucleus mâle est celui d'un cône ; sur la figure, qui ne représente qu'une coupe optique du cône ; l'aspect est celui d'un triangle ; au sommet de ce triangle, vers le bas et le centre de l'œuf, nous voyons le corpuscule central entouré de la sphère attractive munie de radiations. Sur des coupes, nous avons également rencontré le corpuscule central accompagnant le petit pronucleus ou pronucleus mâle. Un œuf a présenté les particularités suivantes : au moment où les deux pronuclei étaient en contact, donc sur le point de se fusionner, nous avons vu que le pronucleus mâle était accompagné d'un corpuscule central et d'une sphère attractive ; nous avons également vu que le pronucleus femelle était en contact avec le corpuscule central et la sphère attractive y correspondant ; ces deux derniers éléments étaient certainement d'origine femelle. A partir de ce moment, il ne nous a plus été possible d'observer ce que deviennent ces éléments ; l'un ou l'autre persiste-t-il ? Persistent-ils tous les deux ? Nous plaçant au point de vue purement objectif, nous sommes obligé de nous abstenir, de proposer même une hypothèse se rapportant à ce dernier point. On sait d'ailleurs que la plupart des observateurs, Boveri (87[2]), Kostanecki (96), Wilson (95[1], 95[2]), affirment que le corpuscule central mâle (le spermocentre) est celui qui persistera pour présider à la division de l'œuf en deux blastomères ; pour ces auteurs, et particulièrement pour Kostanecki et Wilson, qui ont vu les cinèses des globules polaires se produire avec corpuscules polaires, l'élément de ce nom (l'ovocentre) restant dans l'œuf disparaîtrait complètement (Kostanecki a même trouvé l'ovocentre divisé en deux).

Fusion des pronuclei.

Sur une grande surface de contact, la membrane des pronuclei devenus tangents disparaît ; il y a ainsi une véritable fusion des deux noyaux d'origine différente. Les œufs entiers et les coupes montrent très bien cette fusion. Y a-t-il fusion entre l'élément chromatique apporté par chacun des demi-noyaux ? Il y avait lieu de s'occuper de cette question en raison de ce fait, que chez l'*Ascaris*, Van Beneden a prouvé que la règle était qu'il ne se produisait pas de fusion des noyaux.

Nous n'avons pu tirer aucune conclusion certaine à cet égard ; néanmoins, nous avons vu quelquefois qu'il se formait deux pelotons de chromatine dans le noyau unique résultant de la fusion des pronuclei ; ces deux pelotons représentent-ils les deux pelotons qui, chez l'*Ascaris* au stade correspondant, se trouvent dans les deux demi-noyaux séparés ? Nous ne pouvons rien affirmer à cet égard. Nous signalons le fait, nous réservant d'étudier encore cette question.

Une partie des œufs provenant de la ponte que nous avons examinée pour faire la constatation relative à ce fait qu'il existait un corpuscule central mâle et un corpuscule central femelle accompagnant les pronuclei, avait été préparée pour être coupée ; les sections, ainsi que la coloration à la laque de fer de Heidenhain, ont parfaitement réussi ; nous constatons sur la

4

préparation l'existence des deux pronuclei avec les détails de leur structure; mais il n'y a pas de trace de corpuscule central ni de sphère attractive; vaguement nous découvrons quelques rayons, derniers restes des figures radiées, que les réactifs parviennent encore à mettre en évidence. Les mêmes particularités se sont produites au même stade pour *Prosthecerœus villatus* et pour *Cycloporus papillosus*. Ceci prouve qu'il est prudent de ne se prononcer sur l'existence des corpuscules centraux qu'après des recherches méthodiques et même persévérantes.

Nos préparations d'œufs entiers nous ont montré, à un moment donné, deux centres d'irradiations au milieu desquels on découvrait deux corpuscules centraux. L'ensemble de la figure étant en contact avec le noyau reconstitué, d'où proviennent ces corpuscules centraux? Objectivement, nous sommes obligé de nous abstenir, nous le répétons.

Pour ce qui concerne la reconstitution de la figure cinétique, nous pensons que le fuseau central seul est formé aux dépens du protoplasme du noyau qui, à un moment donné, montre des filaments tendus entre les deux corpuscules centraux. Le fuseau périphérique naît du protoplasme même de l'œuf. Quant aux irradiations vers la surface de l'œuf, elles ne sont ici, comme précédemment, que des différenciations du réseau cytoplasmique. Les sphères attractives sont formées de très fins microsomes. Au stade *monaster*, il y a dans l'œuf seize anses chromatiques primaires, que nous appellerons désormais chromosomes; ils se diviseront longitudinalement en offrant les mêmes particularités que chez l'*Ascaris*, c'est-à-dire que le mode homotypique ou hétérotypique est réalisé. Le fuseau central est très net (voir photogramme 19, pl. I). Au lieu où se fera la séparation des deux blastomères, il se montre une plaque cellulaire formée de fins microsomes très colorables. Cette plaque est très nette et très distincte à tous les moments de la segmentation.

Quand la séparation des blastomères s'est accomplie, souvent des restes du fuseau central, sous forme de fils tendus, unissent encore les deux premiers blastomères. Les noyaux fils se recouvrent d'une membrane et nous les voyons coiffés d'une sphère attractive contenant un corpuscule central, tandis que les radiations externes des amphiasters tendent de plus en plus à s'effacer (fig. 23, pl. I).

Anomalies.

Nous avons déjà dit précédemment que dans la formation du premier globule polaire, il se produisait cette anomalie intéressante consistant en ce fait que le premier globule polaire atteignait une taille énorme, allant jusqu'au tiers du volume du reste de l'œuf. Ce dernier, d'ailleurs, achève son évolution comme si rien ne s'était produit. Ainsi nous possédons encore une ponte préparée dans laquelle l'œuf étant au stade des deux pronuclei, possède un premier globule polaire ayant le volume du quart de l'œuf lui-même, le second globule polaire étant normal.

Nous avons vu un certain nombre de fois le premier globule polaire lui-même, ayant un volume plus considérable que normalement, subir une division cinétique, avec toutes les caractéristiques, hormis l'entrée au repos du début. Les huit segments nucléaires emportés avec le premier globule polaire subissaient le même travail que celui que nous avons décrit à propos du second globule polaire. Les deux cellules qui en résultaient possédaient ainsi la même quantité de chromatine que l'œuf mûr et que le second globule polaire. Le même œuf primitif avait donc fourni quatre éléments qui, en dignité morphologique, s'équivalaient, un seul de ces éléments ayant emporté le protoplasme nécessaire pour la reproduction de l'être. Nous verrons d'ailleurs que chez *Prosthecerœus*, le premier globule polaire est capable d'être fécondé et qu'il fournit par la suite une véritable gastrula. Les globules polaires auraient ainsi pour signification d'être des œufs avortés. (Mark, Bütscli, Boveri.)

Pendant que s'accomplit la maturation, nous avons vu que le premier ou le second fuseau de direction donnait naissance à des figures polycentriques remarquables; nous avons pu nous assurer que dans ces cas, à l'équateur des fuseaux de ces figures, il n'existait le plus souvent que deux segments nucléaires. Nous nous sommes assuré que ces figures polycentriques étaient dues, non pas à une polyspermie, mais à des anomalies survenues dans les fuseaux de direction mêmes; les segments nucléaires avaient la forme correspondant à celle que l'on découvre dans ces fuseaux de direction. Pendant la segmentation, nous avons obtenu également des figures polycentriques; là, il se peut que la chose soit due à la polyspermie.

II.

DÉVELOPPEMENT D'OLIGOCLADUS AURITUS (Lang).

Au Portel, nous avons pu nous procurer quelques spécimens de cette espèce; il en a été de même à Concarneau. Dans le laboratoire de cette dernière localité, nous avons obtenu quelques pontes. Malheureusement, les préparations qui présentaient de l'intérêt se sont altérées au point que l'étude en a été rendue impossible. Toutefois, les premiers états avant l'expulsion du premier globule polaire méritent que nous nous arrétions un instant et que nous fassions de ce stade ne fût-ce qu'une description sommaire.

L'œuf, dans l'utérus, présente d'abord une grande vésicule germinative très claire, ayant un diamètre de 15 μ. Une charpente filamenteuse riche en linine se montre fort bien. Le nucléole, qui mesure en moyenne 5 μ de diamètre, se colore moins que chez la Trémellaire. La charpente, à filaments tendus en ligne droite, donne naissance à un cordon chromatique moniliforme, constitué de grains de chromatine unis par de petites plaques moins colorables de linine. Le stade *spirem* est ainsi atteint. Par la suite, on trouve huit anneaux chromatiques (photographies 29, 30, 31 et 32, pl. I) dérivant du cordon dont nous venons de parler : ce sont les segments nucléaires. Ces anneaux, en rapport avec le fuseau périphérique, deviennent elliptiques; la figure s'allonge (photogr. 31 et 32, pl. I) de plus en plus dans le sens de l'axe du fuseau; de cette façon, la fente qui en résulte se resserre progressivement; les bords de cette fente s'effacent même complètement pour ce qui concerne les segments qui se trouvent vers le centre de la figure (photogr. 30, pl. I); ils affectent ainsi la forme de deux clous accolés par leur tête, la pointe étant dirigée dans le sens de l'axe du fuseau. Souvent les anneaux deviennent de vrais bâtonnets moniliformes. Sur des coupes transversales de ces bâtonnets, on retrouve quelquefois une trace de cavité. L'allongement des anneaux est produit, sans nul doute, par la contraction des fibrilles du fuseau périphérique; à mesure que cet allongement se réalise, l'ellipse qui se forme aux dépens de l'anneau fait place à une figure provenant de la transformation de cette ellipse, et l'extrémité du grand axe devient anguleuse. Vers le milieu, et souvent en dehors du côté externe de cette figure, il s'amasse fréquemment de la chromatine en un petit renflement sphérique (photogr. 32, pl. I, segment placé à droite). Par la suite encore, certains segments prennent la forme d'un bâton noueux.

En s'allongeant, l'ellipse peut se rompre en un point de sa circonférence. Le segment prend alors la forme d'un C à ouverture placée du côté opposé à l'axe du fuseau. A la métakinèse, le C se divisera en un point diamétralement opposé à son ouverture; les deux fragments du C formeront par la suite deux angles pendant l'ascension vers les corpuscules centraux.

Il ne nous a pas été possible de déceler le corpuscule central avant l'organisation des fuseaux. Au sommet de ces derniers, dans les figures 29 et 30, planche I, nous trouvons les sphères attractives enveloppant le corpuscule central. A l'aide d'un objectif résolvant, ces sphères attractives se montrent encore constituées, comme chez la Trémellaire, de fins microsomes dont la masse rayonnante est traversée par les rayons des amphiasters qui s'étendent en dehors vers la périphérie de l'œuf; les sphères attractives sont colorées en gris bleuâtre par la laque de fer de Heidenhain. Le corpuscule central occupant le milieu de la sphère, les rayons tant des irradiations externes que des deux fuseaux central et périphérique viennent s'y insérer. Une zone plus claire entoure le corpuscule central.

La figure cinétique ainsi constituée occupe une position centrale; elle chemine bientôt vers l'un des pôles de l'œuf; mieux que chez la Trémellaire, l'hémisphère opposé retient plus vivement la laque de fer dans de grosses sphères de deutoplasme. Lors de la formation du premier globule polaire, l'ensemble des segments nucléaires est coupé par un plan passant par le centre des figures de ces segments, ce plan étant perpendiculaire à l'axe du fuseau. Le premier globule polaire emporte donc avec lui la moitié des segments fils; l'autre moitié reste dans l'œuf avec un corpuscule central et une sphère attractive. Nous reprendrons l'étude du développement de cet animal dès le printemps prochain, le reste de nos observations étant actuellement trop incertain.

III.

CYCLOPORUS PAPILLOSUS (Lang).

Dans une exploration à la baie de La Forêt, près de Concarneau, nous avons récolté des algues au milieu desquelles se trouvaient trois exemplaires du *Cycloporus papillosus*. C'était le 11 septembre 1896, la veille de notre départ de Concarneau. L'un de ces Polyclades fut préparé immédiatement. Mais l'incertitude où nous nous trouvions relativement à la détermination de cette espèce, nous fit prendre le parti d'emporter deux de ces *Cycloporus* vivants, nous réservant de les préparer en route si les animaux semblaient ne pas s'accommoder d'un long voyage [1]. A notre arrivée à Bruxelles, le 14 au soir, nos deux *Cycloporus* étaient très vivants. Le 15, ils nous donnaient des pontes; le 16, nous étions au Portel, où M. Hallez, notre excellent collègue et ami, si compétent dans la connaissance des Turbellariés, procéda à la détermination définitive. Le 17, nous eûmes de nouvelles pontes dont nous parlerons tout à l'heure. Enfin, les deux Polyclades furent préparés en entier par le chlorure mercurique acétique; par la suite, ils furent débités en coupes. Malgré le petit nombre de pontes, nous avons pu obtenir des préparations d'œufs entiers et des coupes. Nous avons ainsi des stades jusqu'à la segmentation en quatre blastomères.

En rentrant le 17 septembre, à 9 heures du matin, au laboratoire, de retour d'une pêche pélagique, M. Hallez nous prévint que l'un des *Cycloporus* était en train de pondre. Cet acte accompli, l'animal continua à circuler dans le cristallisoir. La nouvelle ponte fut partagée en six parts, dont quatre furent laissées en vie dans l'eau de mer; deux furent immédiatement préparées (9 $^1/_2$ heures), l'une par le chlorure mercurique acétique

---

[1] C'est la première fois que *Cycloporus papillosus* est signalé dans l'Atlantique. Hallez, au Portel, a trouvé une espèce du même genre : il l'a appelée *Cycloporus maculosus;* elle a été observée à Saint-Waast-la-Hougue.

pour être coupée; l'autre fut montée en préparation entière et fixée d'abord au liquide de Hermann; la coloration eut lieu par le colorant de Van Beneden. A midi, deux autres portions furent préparées comme les deux premières. Enfin, à 3 heures, on procéda aux mêmes manipulations avec ce qui restait de la ponte. A 9 $\frac{1}{2}$ heures du matin (une demi-heure après la ponte), les œufs montraient la cinèse correspondant au premier globule polaire. A midi, on observait la fin de l'expulsion du deuxième globule polaire; les pronuclei vésiculeux et la segmentation en deux étaient également réalisés. A 3 heures, nous trouvions encore des divisions en deux blastomères ainsi que le stade 4.

Sur l'animal entier, coupé longitudinalement dans l'utérus, on remarque, comme chez les autres Polyclades, des œufs à tous les stades de développement. Les œufs se chargent beaucoup moins des réactifs colorants que chez les deux espèces étudiées précédemment; les décolorations se font d'une façon plus régulière. La taille d'un œuf qui va entrer en maturation est en moyenne de 100 μ. La vésicule germinative sphérique possède une paroi qui, sur des coupes, se montre très nette. Une charpente nucléaire est formée de filaments s'entrecroisant en tous sens; elle est bientôt remplacée par un cordon cellulaire moniliforme beaucoup mieux caractérisé que ce que nous avons décrit précédemment. Le nucléole se colore d'abord vivement; il est sphérique et a un diamètre de 7 μ. Le noyau est encore vésiculeux quand nous découvrons, pour la première fois, le corpuscule central; ce dernier a alors (photogr. 33, pl. III) l'aspect d'un ovoïde dont la direction suivrait celle d'un des diamètres prolongés du noyau. Vers le milieu, il semble entouré d'un anneau qui donne une ombre vague. Souvent, aux extrémités du grand axe de l'ovoïde, on remarque qu'il existe une pointe. Il se fait que si cette pointe est un peu effilée, le corpuscule central a l'aspect d'une figure constituée par deux petits cônes accolés par leur base (fig. 33, pl. III). Une sphère attractive se colorant en bleu pâle entoure le corpuscule central; elle est radiée et les rayons sont constitués de fins microsomes. A ce moment, il n'y a pas encore de trace de fuseau et les irradiations externes se distinguent à peine. Vaguement, les filaments du fuseau périphérique se dessinent. Par la suite, le noyau étant encore vésiculeux, les corpuscules polaires occupent déjà les deux extrémités d'un même diamètre. La figure 34, planche III, montre l'un des corpuscules centraux et seulement des radiations de la sphère attractive correspondant à l'autre corpuscule central. Dans la vésicule germinative, on voit des anneaux allongés provenant du cordon chromatique qui fournit ainsi huit segments nucléaires. L'aspect de ces segments variera par la suite; ils auront la forme d'anneaux plus ou moins elliptiques, de bâtonnets noueux dirigés dans le sens de l'axe du fuseau, ou bien encore de corps cruciformes; quelquefois les segments nucléaires ressemblent à des masses quadrilobées à lobes inégaux, plus ou moins sphériques. Les œufs de l'utérus montrent déjà que l'un des hémisphères se charge, comme nous l'avons vu ailleurs, plus que l'autre des réactifs colorants.

Sur notre ponte du 17 septembre, à 9 $\frac{1}{2}$ heures, examinant les œufs entiers, nous observons que tous les fuseaux de direction correspondant au premier globule polaire sont devenus excentriques. Le corpuscule central externe atteint la surface de l'œuf. Au stade de la métakinèse, les segments nucléaires les plus internes sont des bâtonnets noueux; à la périphérie, ce sont des anneaux à espace central peu considérable; quelquefois l'anneau est rompu; on obtient de la sorte une figure en forme de C, comme chez *Oligocladus auritus;* l'ouverture est alors externe et le C a son grand diamètre dans le sens de l'axe du fuseau.

La photographie 35 (planche III) représente une vue polaire au stade monaster d'un œuf entier pondu; sept des huit segments nucléaires ont pu être mis au point à l'aide de l'objectif 2^{mm} apoch. 1.30 NA de Zeiss, qui est très résolvant, mais peu pénétrant; le huitième segment étant un peu en dehors du plan de mise au point, n'est pas représenté sur l'image. Le segment supérieur est formé de quatre petites sphères accolées et disposées en une croix irrégulière. Les autres segments ont l'aspect d'un bâtonnet à quatre nodosités sphériques placées les unes à côté des autres.

Une coupe d'un œuf au stade de la métakinèse est représentée par la photographie 33bis (planche III). Le corpuscule polaire qui sera expulsé est attaché à la surface même de l'œuf; l'autre corpuscule est au centre; à mi-distance de ces deux éléments, nous observons les segments nucléaires, dont trois seulement ont été intéressés par la coupe. Le segment médian à l'aspect d'un long bâtonnet de 11 μ. Quatre renflements sphériques constituent ledit bâtonnet. La photographie les représente bien. Les deux petites sphérules centrales sont plus volumineuses. Le segment de gauche a la forme d'un anneau étiré. Les bâtonnets proviennent des anneaux qui ont subi une traction, de façon que toute fente a disparu; ce qui nous fait penser qu'il en est ainsi, c'est que nous avons quelquefois vu un creux vers le milieu des bâtonnets. Il en est de même, on le sait déjà, pour *Oligocladus*. Le segment de droite est noduleux; quatre protubérances s'y montrent. Les huit segments peuvent encore se voir sur l'œuf entier représenté par la photographie 36 (planche III); ici, la plupart des segments sont quadrilobés.

La section des segments pour former les étoiles filles se fait encore ici suivant un plan perpendiculaire à l'axe du fuseau, ce plan passant par le centre de figure des formations que nous avons analysées; c'est ainsi que les bâtonnets sont coupés en deux parties égales, et si ces bâtonnets sont primitivement formés de quatre sphères, les segments nucléaires fils emporteront deux sphères. On pourrait se demander comment les segments nucléaires affectent ainsi des aspects si différents.

Primitivement, tous les segments nucléaires étaient annulaires; nous pensons que ceux qui se trouvent vers le centre de figure supportent une traction plus considérable, produite par les fibres du fuseau périphérique; ils s'allongent en ligne droite; la traction est la plus forte parce qu'elle est plus directe, parce qu'elle s'exerce suivant un angle moindre que s'ils occupaient la périphérie. Huit des segments fils sont encore expulsés avec le premier globule polaire et huit restent dans l'œuf.

Avant de reprendre l'histoire de l'expulsion du deuxième globule polaire, nous allons nous arrêter un instant sur la constitution du réseau cytoplasmique. Nous avons vu qu'il était, chez les espèces précédentes, à peu près uniforme; toutes les radiations des asters atteignaient, par exemple, la surface de l'œuf. Les choses ne se passent pas ainsi chez *Cycloporus* et chez *Prostheceræus*. Sur des coupes (photographie 37, planche III), on peut apercevoir que les fibrilles radiées des amphiasters s'arrêtent pour

la plupart suivant une surface concentrique, à la surface même de l'œuf
dans laquelle la figure cinétique est enveloppée; la périphérie de cette
surface est très nette; il est inutile de dire que cette surface ne forme pas
une membrane; elle est constituée par la réunion des fibres du réseau; elle
est donc formée de mailles plus serrées.

Dans l'ovoïde ainsi organisé, le réseau cytoplasmique est plus dense que
vers la surface de l'œuf; il s'est ainsi réalisé dans la cellule, en même
temps que la figure cinétique du premier globule polaire, un espace occupé
au centre par cette figure. L'ensemble de toute cette formation constitue,
comme nous venons de le dire, un ovoïde très nettement limité, ainsi qu'on
peut le constater sur la photographie 37 (planche III). Il se détache toutefois
vers le pôle d'expulsion un cône antipode formant un cercle antipolaire
par les insertions des fibres à la surface de l'œuf; les fibres de ce pôle
d'expulsion sont très robustes. Ce que nous venons de décrire relativement
à la division de l'œuf en deux territoires, en quelque sorte, se voit non seulement sur des coupes, mais sur des œufs entiers. C'est pendant que les œufs
sont dans l'utérus et pendant l'expulsion du premier globule polaire que
ce fait s'étudie le mieux.

L'examen des œufs entiers nous fait penser que le processus d'expulsion
du premier globule polaire se produit comme chez la Trémellaire.

Il résulte de ce que nous avons étudié précédemment qu'un corpuscule
polaire est expulsé en même temps que les huit segments nucléaires fils. Il
reste donc, dans l'œuf, un corpuscule polaire et une sphère attractive en
même temps que les huit segments chromatiques.

C'est sur des coupes, avec la ponte préparée à midi, que nous pouvons
étudier les phénomènes de l'expulsion du deuxième globule polaire et ceux
qui précèdent immédiatement cette expulsion. Nous trouvons les huit
segments attachés au fuseau périphérique; ils affectent encore ici la forme
de bâtonnets ou celle d'un anneau allongé, quelquefois ayant subi une légère
flexion (photographie 38, planche III, montrant un segment nucléaire entier).
Nous trouvons également des segments nucléaires ayant l'aspect de petits
losanges. Au stade de la métakinèse, ces derniers se rompent suivant une
diagonale, de façon que nous trouvons des segments angulaires fils dont le

sommet des angles est tourné dans le sens de la direction du fuseau (photographie 39, planche III).

Les photographies 40 et 41 (planche III) représentent le corpuscule central appliqué à la surface de l'œuf : c'est celui qui est destiné à l'expulsion ; l'autre corpuscule central (l'ovocentre) est au centre ; sur la préparation correspondant à la figure 40, il est fusiforme, comme nous l'avons décrit aux débuts (photographie 33). La photographie 40 montre des segments nucléaires en bâtonnets noueux ; la photographie 41 les montre moniliformes.

Un corpuscule polaire est expulsé en même temps que les huit segments nucléaires fils. Il reste dans l'œuf un corpuscule central femelle (ovocentre) et, comme nous l'avons dit plus haut, huit segments nucléaires qui constitueront la chromatine du pronucleus femelle. Ce dernier se constitue bientôt en une vésicule sphérique sur laquelle sont appliqués la sphère attractive et le corpuscule central (ponte de douze heures).

Les œufs étant encore dans l'utérus, nous assistons à la pénétration du spermatozoïde. La tête de ce dernier est relativement considérable ; elle se colore vivement à la laque de fer. La queue entre tout entière dans l'œuf. Nous avons vu dans des œufs la pièce intermédiaire sphérique ; mais nous n'avons pas suivi toutes les phases de transformation. Sur nos préparations entières du 17 septembre à midi, nous découvrons les pronuclei, le demi-noyau (photographie 42, planche III) mâle M étant, comme chez la Trémellaire, plus petit que la femelle F. Ils arrivent en contact ; il y a fusion des deux éléments.

Au point de vue de l'origine des corpuscules centraux du premier fuseau de segmentation, nous nous trouvons dans la même incertitude que précédemment. Au stade monaster, nous voyons seize chromosomes primaires attachés au fuseau de la première segmentation en deux blastomères.

IV.

PROSTHECERÆUS VITTATUS (Lang).

Pendant les mois d'août et de septembre 1896, nous avons récolté dans la baie de Concarneau un assez bon nombre de *Prosthecerœus vittatus*, parmi lesquels il se trouvait six exemplaires que nous considérons comme atteints de gigantisme. Tandis que dans son travail, Lang (**84**) assigne à cette espèce une taille de 3 $\frac{1}{2}$ centimètres, nos grands individus mesuraient 5 centimètres de longueur. L'un d'eux atteignait plus de 6 centimètres. Nous représentons en grandeur naturelle l'un de ces *Prosthecerœus* sous la photographie 1 (planche II). Nos Polyclades de grande taille nous ont donné des œufs dont la moitié au moins fournissaient un immense premier globule polaire, qui lui-même, comme l'œuf, donnait un globule polaire (l'homologue du deuxième globule polaire normal); par la suite, une gastrula prenait naissance aux dépens de ce premier globule polaire; il y avait ainsi dans la même coque deux individus nés d'un même ovule primitif. Nous décrirons ce phénomène par la suite. Quant aux autres *Prosthecerœus*, ils avaient, adultes, une taille de 2 $\frac{1}{2}$ à 3 centimètres; de plus petits exemplaires n'étaient pas à maturité.

Nos observations étaient terminées depuis quelque temps et il ne nous restait plus qu'à mettre en ordre les notes que nous avions rédigées lorsque, au commencement de février dernier, M. Éd. Van Beneden nous fit connaitre que le fascicule du 27 janvier des *Archiv für mikroskopische Anatomie* contenait un travail de de Klinckowström (**97**) qui avait pour objet l'étude de la maturation et de la fécondation chez *Prosthecerœus vittatus*. Nous n'en publions pas moins nos observations concernant ce Polyclade; elles confirment en bien des points les belles observations de de Klinckowström, et elles les compléteront en d'autres points que l'auteur ne parait pas avoir abordés.

Nos recherches pour ce Polyclade ont été conduites sensiblement de la même façon que pour les autres Turbellariés qui font l'objet de cette communication préliminaire. Nous avons observé des ovules obtenus par dilacération ou piqûres, en les fixant et les colorant comme s'il s'agissait de la Trémellaire; nous avons observé des pontes vivantes, nous les avons fixées et nous avons monté les œufs entiers en préparation; enfin, nous les avons coupés à la paraffine en les imbibant d'abord méthodiquement de celloïdine que nous durcissions ensuite. Des *Prosthecerœus* entiers ont été également réduits en tranches; la coloration a eu lieu par diverses méthodes.

Les œufs utérins qui entreront bientôt en maturation laissent voir très bien le réseau cytoplasmique. Les œufs extraits par piqûre sont ceux qui conviennent le mieux, à notre avis, pour étudier le réseau. Immédiatement avant que nous ayons pu découvrir les corpuscules polaires, des irradiations formées de filaments de ce réseau rayonnent vers le noyau qui se trouve dans une position presque centrale. La figure cinétique étant réalisée, si l'on observe la suite des coupes d'un même œuf, on peut se convaincre qu'il s'est produit un ovoïde de filaments plus serrés autour de la figure cinétique; en dehors de cet ovoïde, le reste du réseau est beaucoup plus lâche.

Cette disposition est très nette sur les œufs de l'animal que nous étudions à ce moment; en cela, ces œufs sont semblables à ceux du *Cycloposus papillosus*. Le fait que nous venons de faire connaître s'observe également bien sur des coupes. Ce réseau plus serré résulte en grande partie des irradiations des amphiasters et des prolongements des fuseaux; entre les éléments de ces formations, il s'est formé des anastomoses avec des prolongements secondaires qui compliquent ainsi le réseau.

Il se fait que beaucoup de rayons des amphiasters vont aboutir à la surface de l'ovoïde et qu'ils envoient seulement quelques prolongements à la surface de l'œuf. Ainsi, il existe des radiations qui aboutissent à la surface de l'œuf, non pas directement, mais par deux ou trois branches plus minces, plus grêles et très écartées, tandis que beaucoup d'irradiations s'arrêtent en s'anastomosant à la surface de l'ovoïde interne qui se distingue du reste de l'œuf.

Comme nous l'avons dit précédemment pour *Cycloporus papillosus,* tout l'ovoïde du réseau plus serré chemine vers le pôle de l'œuf où l'expulsion du premier globule polaire doit s'effectuer en même temps que la figure cinétique.

Au moment de la ponte, ou peu avant, la forme de l'œuf est sensiblement un ellipsoïde de révolution aux foyers duquel se trouvent placés, à peu de chose près, les deux corpuscules centraux; vers le pôle d'expulsion se dirigera toute la figure cinétique, et quand le corpuscule polaire sera à une distance de 15 à 20 μ de la surface de l'œuf, on remarquera qu'il s'est formé un cône de filaments attaché par sa base à la périphérie de l'œuf et par son sommet au corpuscule central périphérique (figures 17 et 18, planche II, œufs entiers).

A l'autre pôle de l'œuf, le deutoplasme s'est amassé en sphérules volumineuses qui se colorent vivement à la laque de fer de Heidenhain (fig. 19, pl. II, œuf coupé). De Klinckowström parait d'accord avec Van der Stricht, qui a étudié le *Thysanozoon brochii,* pour admettre que les corpuscules polaires (centrosomes) du premier fuseau de direction apparaîtraient au nombre de deux; en d'autres termes, il semblerait pour ces auteurs que chaque centrosome naîtrait isolément, à ce stade, et non par division d'un centrosome préexistant.

De Klinckowström voit toujours les centrosomes éloignés, et ayant observé une fois le corpuscule central dans le noyau, il semble pour l'auteur qu'il serait prouvé que le corpuscule polaire serait d'origine nucléaire. Pour ce qui concerne la division de ces éléments, nous avons vu un petit nombre de fois la division du centrosome pendant le début de la cinèse du premier globule polaire; nous avons vu deux centrosomes l'un à côté de l'autre au centre de l'aster, au milieu de la sphère attractive, la membrane de la vésicule germinative n'ayant pas encore disparu (photogr. 16, pl. II, œuf coupé).

La photographie 16 ne laissera aucun doute à cet égard; elle montre un œuf utérin coupé suivant un plan qui intéresse les deux corpuscules centraux qui viennent de naitre par division.

En étudiant la suite des coupes, nous avons constaté que la paroi du noyau de l'œuf existe encore. Nous pensons donc que le corpuscule polaire est primitivement unique. S'il n'en était pas ainsi, il faudrait admettre que nos œufs eussent fourni une anomalie qui n'est guère explicable, attendu qu'il est démontré ailleurs que les corpuscules centraux dérivent par division d'un élément unique. Nous reconnaissons d'ailleurs volontiers que les centrosomes se montrent le plus souvent éloignés, comme de Klinckowström le décrit. Les figures 6, 7, 8, planche II (œufs coupés) montrent qu'à l'origine les corpuscules centraux sont fusiformes.

Occupons-nous maintenant du noyau de l'œuf. Dans l'utérus, on rencontre, avons-nous dit, des œufs de toutes les dimensions; ils contiennent une vésicule germinative claire de grande taille; elle peut atteindre 35 μ.

Primitivement, le nucléole est énorme (fig. 2, pl. II). Il se colore vivement par les réactifs. L'examen du photogramme 2 donnera une idée de sa taille considérable.

La charpente nucléaire est filamenteuse, les fils étant tendus en tous sens et formant un réseau beaucoup plus serré que chez les espèces étudiées précédemment. Mais, par la suite, un cordon chromatique moniliforme à grains de nucléine très nets et très nettement séparés par des plaques de linine se constituera. Des œufs enlevés par piqûre ou dilacération ont été fixés, pour mettre ce fait en relief, par l'acide nitrique à 3 °/₀; ils ont été colorés à l'aide du liquide glycériné teinté par le vert de méthyle. Au reste, avec la laque de fer, comme le montre la figure 2, on peut se rendre compte de l'existence de ce filament moniliforme. Souvent la laque de fer et même les autres réactifs colorants produisent des dépôts artificiels dans le noyau; de Klinckowström fait aussi cette remarque.

Les filaments chromatiques moniliformes se recourbent en anses dont les courbures se dirigent vers un pôle : c'est ce que nous montre la photographie 3. Le noyau de l'œuf représenté possède encore sa membrane, quoique l'image photographique ne montre pas aussi nettement cette enveloppe que nous le voudrions; la raison de ce fait, c'est que l'on a mis au point le filament chromatique, que l'on a éclairé fortement, mettant en relief seulement les parties très colorées, et qu'ainsi la membrane plus claire n'a point apparu sur le cliché; par l'observation de la série de coupes, nous avons vu qu'elle existait cependant.

Le stade spirem, tel que nous venons de le décrire, se montre assez rarement; il est probablement de courte durée. De Klinckowström semble ne pas avoir vu ce stade spirem; il dit, en effet, page 594 de son travail (*loc. cit.*) : « Die Bildung der Kernsegmente scheint ohne vorhergehende (spirem) vor sich zu gehen. »

Nos observations concernant la formation des segments nucléaires sont semblables à celles de de Klinckowström; remarquons toutefois que nous avons fait usage pour nos études, non seulement de coupes, mais encore d'œufs entiers, tant utérins que pondus. Par le vert de méthyle, le vert de malachite, la vésuvine (colorant de Van Beneden), nous avons pu voir très nettement les segments nucléaires. C'est ce qui fait que nous avons observé différentes fois tous les segments ayant l'apparence d'anneaux elliptiques très nets; nous sommes persuadé que la forme de poignard, de bâton, etc., est due à la traction exercée par les filaments du fuseau périphérique sur les anneaux chromatiques primitifs, comme nous l'avons dit pour les autres Polyclades. La forme de poignard laisse quelquefois apercevoir de très minces ouvertures dans le milieu renflé. (Voir les descriptions précédentes.)

Quelquefois l'aspect de losange (fig. 4, pl. II, œuf coupé) décrit à propos de la Trémellaire est également réalisé ici. La structure des segments a, chez le *Prosthecerœus*, quelque chose de plus vague que chez les autres types étudiés précédemment. Le photogramme 4 nous montre toutefois fort bien un segment nucléaire ayant l'aspect d'un losange et rappelant les segments décrits et figurés par von Rath (taf. VIII, fig. 33 de son mémoire intitulé : *Neue Beiträge z. Frage d. Chromatinreduction in d. Samen- u. Eireife,* in *Arch. f. mik. Anat.,* Bd. 46, 1895). Les autres segments, coupés plus ou moins obliquement, ont une forme beaucoup moins nette.

La figure 5 (pl. II, œufs coupés) fait voir les segments réunis en groupe à la métakinèse entre les deux corpuscules centraux. Les segments se divisent, comme de Klinckowström l'a constaté, en deux groupes de segments fils, qui affectent la forme de lancette, de bâtonnet, etc.; par la suite, les segments se ressemblent tous et ils ont l'aspect de bâtonnets. Toutefois, comme chez *Cycloporus papillosus,* nous avons observé à différentes reprises que les segments fils formaient une figure angulaire à sommet dirigé vers le corpuscule central. L'expulsion du globule polaire a lieu et six segments fils sont enlevés par le premier globule polaire.

Reprenons maintenant l'étude de la constitution de la figure cinétique dans son ensemble. De Klinckowström nous donne quelques détails à ce sujet. Les corpuscules centraux s'entourent d'une forte irradiation; ils montrent, sur leur pourtour, une sphère d'archoplasma très appréciable. En même temps, la membrane nucléaire disparaît ainsi que le nucléole.

Les centrosomes s'éloignent de plus en plus l'un de l'autre; leur volume augmente ainsi que celui des sphères d'archoplasma; les irradiations polaires s'accroissent beaucoup. Entre les centrosomes et les segments chromatiques encore libres, il se développe des filaments palléaux très bien organisés.

Des filaments d'origine secondaire vont d'un centrosome à l'autre. Les filaments constituant les irradiations polaires s'étendent jusqu'à la périphérie de l'œuf. Telle est, brièvement résumée, la description de de Klinckowström, qui, d'ailleurs, est correcte.

Nous allons maintenant nous occuper de la formation des parties qui viennent d'être décrites. Nous l'avons déjà dit antérieurement, il est des irradiations polaires des asters achromatiques qui vont à la surface de l'œuf, mais il en est qui ne dépassent pas l'ovoïde formant le réseau plus serré où est logée la figure cinétique.

Comme de Klinckowström le dit, le corpuscule polaire est primitivement très voisin de la membrane nucléaire. Le photogramme 6, planche II, nous le montre si voisin qu'il semble faire corps avec cette membrane; il est allongé en forme de fuseau; une sphère attractive l'entoure et il en part des irradiations qui ne s'étendent pas encore bien loin au milieu du réseau cytoplasmique. Une étude attentive nous a prouvé que le corpuscule polaire repose sur une partie de la membrane; celle-ci ne contient pas d'ouverture à l'endroit où le corpuscule polaire est si intimement en contact avec elle.

Un fait digne de remarque, c'est qu'autour des points où se trouve le corpuscule polaire, la membrane nucléaire se colore vivement; il se produit sur la sphère constituée par la membrane de la vésicule germinative un véritable triangle sphérique se colorant aussi bien que la sphère attractive; ce triangle sphérique, examiné à l'aide d'un objectif résolvant, paraît constitué par des lignes formées par de fins microsomes rayonnant vers le corpuscule polaire. Remarquons, en passant, que notre image représente nettement le nucléole qui n'a point disparu; il semble sur l'image, et plus encore sur la préparation, qu'il est entouré d'une membrane; cet aspect est très souvent réalisé; le cordon chromatique moniliforme existe à ce moment dans la vésicule; on en voit quelques fragments sur la photographie.

Examinons un état un peu plus avancé en analysant le photogramme 7 (planche II). Nous y voyons le corpuscule central séparé de la membrane; un véritable cône s'est élevé au-dessous du corpuscule polaire; les génératrices du cône se prolongent avec la surface de la membrane; la projection en coupe optique donne une figure d'aspect triangulaire que la photographie fait ressortir. Du corpuscule polaire à la membrane, des filaments formés

[Coupe venant immédiatement après celle qui est représentée par la photographie 7 (pl. II).]
CORPUSCULE CENTRAL, FUSEAU PÉRIPHÉRIQUE, VÉSICULE GERMINATIVE COMPLÈTEMENT CLOSE.
Grossissement : 400 diamètres.

de fins microsomes sont tendus : c'est la première trace du fuseau périphérique qui se constitue ainsi aux dépens du cytoprotoplasme, aux dépens peut-être même de la sphère attractive [1], et certainement pas aux dépens de la vésicule germinative, qui est encore complètement close. Un examen

[1] Voir le travail de Éd. Van Beneden et Ad. Neyt (*Bull. de l'Acad.*, 3ᵉ série, t. XIV, 1887, p. 215).

minutieux nous a prouvé que les filaments du cône n'ont pas encore pénétré à travers la membrane nucléaire; la base du cône formé de cette dernière est absolument intacte. Le corpuscule polaire inférieur se voit assez bien; les lieux d'intersection du cône avec la paroi de la vésicule germinative se découvrent d'ailleurs également bien. Le nucléole n'a pas disparu à ce moment. Ce qui se voit encore dans la vésicule germinative, ce sont des produits probablement artificiels et, de-ci de-là, de la chromatine légèrement colorée.

La photographie 8 fait voir un état voisin de celui que nous venons de décrire ; le corpuscule polaire fusiforme est inclus dans une sphère attractive irradiée; ici les filaments du cône entourent la membrane et ils commencent à pénétrer dans la vésicule germinative elle-même. Remarquons quelques fragments moniliformes du cordon chromatique. Le pôle végétatif est ici coloré vivement par la laque de fer. On observera que les sphères deuto-plasmiques sont déjà amassées dans l'un des hémisphères alors que la figure cinétique est à peine ébauchée. L'œuf jouit donc d'une véritable polarité déjà avant les phénomènes de la maturation. La sphère attractive est colorée en bleu intense; elle est formée de fins microsomes irradiés ; les irradiations externes des amphiasters commencent, comme dans la figure 7, à se dessiner.

Examinons maintenant les deux images 9 et 9bis, celle-ci étant une vue d'ensemble, celle-là montrant les détails à un plus fort grossissement. Le corpuscule polaire s'est éloigné de la vésicule germinative; le cône de fibrilles se rendant à la vésicule germinative se montre très nettement; les filaments qui le constituent traversent la paroi même de la vésicule germinative; par l'étude des coupes, nous constatons que les filaments traversent la vésicule germinative de part en part. Ces filaments pénètrent à travers la membrane même du noyau et forment le fuseau périphérique sur lequel se sont attachés les segments nucléaires qui, à ce stade, se sont individualisés.

A ce stade, le nucléole existe encore. On constate que le demi-fuseau est conique; il s'appuie sur la membrane de la vésicule germinative par la base; il a pour sommet le corpuscule central. Les irradiations externes des amphiasters et le fuseau périphérique sont donc deux choses très distinctes, formées à des périodes différentes.

Il va sans dire qu'il se produit deux demi-fuseaux dont les sommets sont occupés par les corpuscules centraux; la réunion des deux demi-fuseaux constitue le fuseau périphérique.

Dans la vésicule germinative de l'œuf correspondant aux images 9 et 9bis, en examinant à l'aide de l'objectif 2^{mm} apochromatique de Zeiss, nous avons reconnu qu'il existait, outre les filaments provenant du cône dont nous avons parlé et dont nous pouvons suivre le trajet, d'autres filaments à microsomes serrés et prenant une teinte légèrement grisâtre, tranchant sur le reste; ces microsomes résultent de la différenciation du nucléoplasme de la vésicule germinative; c'est probablement de la linine.

L'œuf qui a fourni l'image 10 va nous servir à démontrer encore mieux ces choses. Ici la vésicule germinative possède toujours sa membrane, mais elle ne constitue plus une sphère : l'examen de la série des coupes nous fait voir cette vésicule sous un aspect irrégulier. D'un corpuscule central à l'autre s'étendent les filaments très robustes du fuseau périphérique, mais en même temps nous découvrons les autres filaments formés de microsomes plus volumineux et beaucoup plus distincts que ceux qui constitueront les fibrilles du fuseau central. Ce qui est remarquable, c'est que toutes les fibrilles du fuseau central n'ont pas encore atteint les centrosomes, quoique toutes convergent vers ces derniers. Sur certains œufs, les filaments du futur fuseau central existent déjà, alors que les fibres des deux demi-fuseaux périphériques n'ont pas encore traversé la membrane de la vésicule. L'ensemble des coupes montre fort bien ces deux formations distinctes : le fuseau central et le fuseau périphérique. Au milieu du noyau, une masse plus colorée représente deux segments nucléaires déjà adhérents au fuseau périphérique dont toutes les irradiations viennent s'insérer aux corpuscules centraux.

Examinons maintenant les trois coupes successives 11, 12 et 13 d'un même œuf. Ici, l'examen des préparations démontre que la vésicule germinative affecte aussi une forme irrégulière; elle possède toujours sa membrane. Les fibres robustes des deux demi-fuseaux partent des corpuscules centraux ; elles pénètrent à travers la membrane de la vésicule ; l'ensemble donne naissance au fuseau périphérique sur lequel les segments nucléaires sont attachés.

Sur la figure 12, les choses sont mieux mises en relief : les fibres du fuseau périphérique plus robustes tranchent nettement sur les fibrilles plus nettement moniliformes du fuseau central. Les fibrilles du fuseau périphérique passent d'un corpuscule central à l'autre ; celles du fuseau central n'y aboutissent que quand la membrane aura disparu. Le photogramme 13 ne montre plus que les fibres du fuseau central ; cette coupe a eu lieu en dehors du plan médian passant par les corpuscules centraux.

Les filaments du fuseau périphérique qui passent à travers la vésicule germinative allant d'un corpuscule central à l'autre sont donc bien d'origine cytoplasmique ; ils aident puissamment à désorganiser la membrane de la vésicule germinative en traversant cette membrane en tous sens. L'examen des faits chez *Prostheceræus* prouve donc que le fuseau périphérique a pour origine des filaments formés aux dépens du cytoprotoplasme. Le fuseau central, lui, se constitue dans le noyau lui-même. Nous avons constaté que chez la Trémellaire, l'origine des fuseaux était la même que chez *Prostheceræus*.

Quant aux irradiations astrales dans les figures 10, 11, 12, on voit qu'elles sont bien plus robustes que précédemment et qu'elles partent des sphères attractives ; celles-ci se montrent sur les images très nettement individualisées ; on y peut distinguer les mêmes régions que celles que Van Beneden (**87**) a décrites chez l'*Ascaris*.

Quand la membrane nucléaire a disparu, on peut voir bon nombre d'œufs utérins chez lesquels la migration de toute la figure cinétique se produit, enveloppée tout entière du feutrage réticulé en forme d'ovoïde dont nous avons parlé plus haut (fig. 14). Les corpuscules centraux s'éloignent aussi rapidement. Mais ces éléments restent quelquefois un certain temps rapprochés ; c'est ce que l'on constate sur les images 15, 15bis, 15ter. Ces images laissent apercevoir *le réseau cytoplasmique plus serré*.

Au moment de la ponte, la figure cinétique occupe encore une position centrale. Des œufs plus avancés montrent le corpuscule central externe voisin de la surface de l'œuf (photographies 17 et 19). Plus tard, le corpuscule central est appliqué contre cette surface (photographie 5).

Des œufs entiers fixés à l'acide nitrique à 3 °/₀ et soumis au colorant de Van Beneden vont nous servir à étudier la constitution de la figure cinétique à ce moment du développement. Le photogramme 17 laisse voir au centre de l'œuf le corpuscule central nettement limité, mesurant 8 μ. Le corpuscule central externe se découvre aussi, mais il est moins visible, n'ayant pas été mis au point en même temps que le reste du plan photographié. Sur la préparation, on aperçoit de très fines granulations à la périphérie du corpuscule central : ce sont les insertions des rayons des asters achromatiques; si l'on fait varier la vis du microscope, le contour si net du corpuscule polaire disparaît; on croirait qu'il est remplacé par des granulations relativement volumineuses qui sont très visibles; ces granulations semblent remplacer le corpuscule central disparu par la mise au point différente; c'est ce qui est mis en relief dans la figure 18, qui représente un autre œuf.

Les images 17 et 18 nous fournissent des indications quant à la disposition des rayons externes des asters achromatiques ainsi que des fuseaux. Les cônes antipolaires (vers le pôle d'expulsion) sont formés dans chacun des œufs photographiés par des fibres robustes qui semblent bifilaires; elles s'insèrent, d'une part, au corpuscule central externe qui forme le sommet du cône, et d'autre part leurs insertions à la surface de l'œuf déterminent un cercle qui produit déjà un affaissement du protoplasme vers l'intérieur. Il n'est pas difficile de voir qu'à ce moment le corpuscule central interne est le centre d'un système de résistances qui le maintient un certain temps au milieu de l'œuf; les tractions qui partent de la périphérie et qui sont transmises par les fuseaux sont ainsi neutralisées; mais ces tractions se feront sentir sur les segments nucléaires pour leur donner les formes bizarres que de Klinckowström et nous avons décrites; enfin la section de ces segments nucléaires en deux parties sera occasionnée par ces tractions.

Examinons maintenant une coupe (fig. 19) d'un œuf semblable à ceux que nous venons d'étudier. Les corpuscules centraux dont nous venons de parler sont fortement colorés à la laque de fer. Ils se trouvent au milieu

d'une sphère attractive formée par de fins microsomes; l'ensemble est coloré
en gris bleuâtre. Les rayons des asters achromatiques traversent les sphères
et viennent s'insérer aux corpuscules polaires. Des fuseaux, on ne voit
qu'une trace représentée par des filaments colorés en gris. Par le mécanisme
dont nous avons parlé à propos de la *Leptoplana tremellaris*, l'expulsion
du premier globule polaire se réalise. Un corpuscule central est expulsé en
même temps que six segments nucléaires.

Mais il arrive, chez nos individus géants, que le premier globule polaire
atteint, sur la moitié des œufs d'une ponte, presque le volume de l'œuf
lui-même. Quelquefois toute la série de grandeurs, depuis celle du globule
polaire normal jusqu'aux dimensions voisines de l'œuf même, pouvaient se
rencontrer dans une même ponte. Il s'est fait ainsi que quand nous avons
vu pour la première fois ce phénomène, nous avons pensé que nous nous
trouvions en présence de deux blastomères inégaux, et nous avons cru que
la division s'était faite sans production de globule polaire; par la suite,
dans des préparations entières, nous avons trouvé, et dans l'œuf comme
dans *le premier globule polaire de grande taille*, une figure cinétique semblable à celle que l'on observe dans l'expulsion du deuxième globule
polaire (œuf normal); nous avons vu, entre autres, que les segments
nucléaires étaient, le plus souvent, quadrilobés tant dans l'œuf que dans le
premier globule polaire en cinèse.

Nous avons observé, vivants, des œufs sur des pontes ou après fixation
rapide. Nous étions certain de découvrir l'anomalie que nous décrivons
actuellement sur des œufs qui affectaient de grandes dimensions. Les ovules
qui présentent ces anomalies sont, en effet, très volumineux; nous avons
suivi, sur le vivant, leur division en deux; à ce moment, nous nous sommes
assuré qu'*il n'existait pas, dans la coque de l'œuf, un élément de la forme
et de la dimension du globule polaire tel que nous l'observions quand les
choses se produisaient normalement;* nous avons vu que les deux parties
presque égales qui se forment laissent entre elles une lame constituée de
fines granulations simulant une plaque séparant l'œuf de son globule
polaire œuf. Cette lame, qui semble être dérivée de l'exagération de
développement de la plaque cellulaire, nous la découvrons constamment,

par la suite, jusqu'au stade gastrula; elle possède à peu près la largeur des deux formations qu'elle sépare (photographies 21 L, 22 L, 23bis L, 24 L). Le photogramme 20 représente un œuf très volumineux qui se divisera en deux parties presque égales au stade du premier globule polaire.

L'image 21 nous permet d'examiner l'œuf O dans lequel se voit une figure cinétique dont le corpuscule central est tangent à la surface de l'œuf; c'est la figure de direction du deuxième globule polaire; elle est en tout semblable à celle que l'on voit sur un œuf normal; les segments nucléaires s'y montraient quadrilobés ou cruciformes, comme la chose existe au stade du deuxième globule polaire des œufs normaux. P est le premier globule polaire.

Comme on le constate, il est de moindre dimension que l'œuf; il contient également une figure de direction semblable à celle de l'œuf lui-même; ses segments nucléaires correspondaient pour la forme à ceux du deuxième globule polaire (œuf normal) : L est la lame séparative qui se produit pendant la division de l'ovule primitif. Nous avons vu l'expulsion du deuxième globule polaire de l'œuf et du corps homologue provenant du premier globule polaire. L'œuf et le premier globule polaire ont été fécondés; un spermatozoïde se trouvait dans chacun des éléments. Sur des coupes comme dans les préparations entières, nous avons reconnu qu'il se formait, dans chacun des corps cellulaires, œuf et premier globule polaire, deux pronuclei.

Nous avons obtenu dans la même coque deux corps cellulaires qui se sont divisés en deux blastomères; nous avons étudié le stade 4; arrivé au stade 8, on obtient deux individus formés chacun de quatre gros blastomères et de quatre petits. Enfin, nous avons vu qu'il se formait deux gastrulas dans la même coque.

Les deux photographies 23 et 24bis ne laisseront pas de doute à cet égard; comme on le constate, la gastrula O est plus volumineuse que la gastrula P. Vraisemblablement, la première provient de l'œuf et la seconde du globule polaire. On voit que la lamelle séparative L s'est maintenue jusqu'à ce stade. Nous avons obtenu enfin deux larves ciliées dans la même coque.

Une question qui nous a beaucoup préoccupé, c'est celle-ci : N'avons-nous pas sous les yeux des œufs doubles, enfermés dans une même coque? Notre attention a été fixée sur ce point. Mais l'ensemble des faits nous prouve qu'il s'agit bien d'un ovule primitif fournissant un immense globule polaire susceptible d'être fécondé. C'est ainsi : 1° que nous avons assisté à la division en deux parties presque égales de grands ovules qui ne montraient pas de globule polaire de petites dimensions; 2° que nous avons constaté que sur chacun des nombreux œufs examinés, il ne se montrait jamais que deux petits globules polaires et jamais quatre, ce qui eût été le cas s'il se fût agi d'œufs doubles enfermés dans la même coque; 3° lors de la formation du premier globule polaire de grandes dimensions, nous avons trouvé dans l'œuf six segments nucléaires en tout semblables à ceux que l'on voit sur les œufs normaux fournissant le premier globule polaire; ces segments avaient la forme que de Klinckowström et nous avons décrite : celle d'anneaux, de poignards, etc. Le grand globule polaire emportait six segments nucléaires et six restaient dans l'œuf; 4° toutes les variations de grandeurs, depuis le premier globule polaire normal jusqu'au globule polaire atteignant presque les dimensions de l'œuf, ont été vues [1].

Enfin, nous avons constaté que chez la Trémellaire le premier globule polaire se divisait en deux et qu'il atteignait le tiers et le quart de l'œuf lui-même.

Il résulte de ces faits qu'il serait expérimentalement prouvé que les globules polaires sont des œufs avortés, puisque le premier globule polaire peut remplir le rôle morphologique et physiologique de l'œuf lui-même.

Dans les œufs anormaux, les quatre corps — œuf, premier globule-œuf et

---

[1] De Klinckowström (**97**) a vu plusieurs fois qu'un œuf avait fourni trois globules polaires dont l'un était très grand. Voici ce que dit cet auteur à la page 596 de son excellent mémoire : « Ich bin zu dieser Annahme um so mehr geneigt, als ich in meinen Präparaten ein paar Mal Eiern im zwei- oder vierzelligen Stadium begegnet bin, die 3 Richtungskörper (1 grösseren und 2 kleinere) besassen. » Vraisemblablement, le grand globule polaire dont il s'agit ici est celui qui, dans nos œufs anormaux, est fécondé; il répondrait au premier globule polaire; les deux petits globules polaires représenteraient le deuxième globule polaire de l'œuf et le bourgeon produit par le premier globule polaire; ce bourgeon aurait la valeur morphologique d'un deuxième globule polaire.

les deux seconds globules polaires — ont emporté, comme nous l'avons
décrit chez la Trémellaire, la même quantité de chromatine, c'est-à-dire
six segments nucléaires. Les quatre corps nés d'un ovule primitif se valent
donc en dignité morphologique.

Deuxième globule polaire.

Nos observations concernant le deuxième globule polaire concordent pour
la plus grande partie avec celles de de Klinckowström.

Pour ce qui concerne le corpuscule central resté dans l'œuf, nous l'avons
vu prendre avant la division une forme de fuseau. Nous avons vu le corpuscule central se diviser; ensuite, il s'est formé deux nouveaux centres d'irradiation des asters achromatiques et un fuseau périphérique et central.

Les irradiations des asters achromatiques sont moins nombreuses que
dans le premier globule polaire; elles n'atteignent pas toutes la périphérie
de l'œuf sans se bifurquer, sans s'anastomoser avec la partie plus feutrée
du réseau cytoplasmique. C'est ce qui se montre très bien sur des œufs
entiers. Sur un œuf préparé, dont le plus grand diamètre est 180 μ, le corpuscule central externe étant appliqué contre la surface de l'œuf, la distance
au corpuscule central interne est de 40 μ; ce dernier occuperait le centre
de l'œuf, s'il s'agissait du fuseau de direction du premier globule. Les rayons
externes de l'amphiaster en contact avec la surface de l'œuf se sont disposés
comme les baleines d'un parapluie; ils changent ensuite de direction et
vont rejoindre un certain nombre de rayons de l'amphiaster interne. Il se
produit un double cône formé par les rayons des deux asters achromatiques; toute pression qui s'exerce à la surface de l'œuf rencontrera inté-
rieurement des résistances dans le système de rayons dont nous venons de
parler. Au lieu de moindre résistance, à l'endroit où se trouve appliqué le
corpuscule polaire externe, il se produira un bourgeon donnant passage à ce
corpuscule central. Le bourgeon ici s'est toujours montré primitivement
beaucoup plus petit que dans le premier globule polaire.

Les segments nucléaires, au nombre de six, se sont disposés sur le fuseau

périphérique en affectant la forme que de Klinckowström a décrite; ils ont
l'aspect cruciforme; quand ils se divisent, ils prennent l'apparence de bâtonnets minces; ces bâtonnets sont plus petits que ceux qu'on observe après la
première division. Les photogrammes 24, 25 et 25bis font voir les segments
nucléaires au stade du dyaster; à ce moment, l'aster achromatique interne
se rapproche du centre, mais par la suite toute la figure, y compris les segments nucléaires, reviendra vers la surface de l'œuf lors de l'expulsion du
globule polaire; dans les œufs que nous décrivons à ce moment, la distance
entre les corpuscules polaires est un peu plus considérable que normalement, mais nous les avons photographiés parce qu'ils étaient spécialement
favorables pour donner de bons clichés.

Pronucleus femelle.

Comme de Klinckowström, constatons que le pronucleus femelle est périphérique; il renferme les six segments nucléaires provenant du deuxième
fuseau de direction, puis ces segments nucléaires semblent se dissoudre dans
le noyau. Dans ce demi-noyau au repos, nous découvrons des sphères se
colorant fortement par les réactifs de la chromatine; il apparait un gros
nucléole qui a les plus grandes analogies, quant à la propriété d'absorber les
colorants, avec le nucléole de l'ovule primitif; il se teinte d'abord fortement,
puis, par la suite, il devient plus pâle. Notons cette particularité que presque
toujours le nucléole porte, à la périphérie, un petit corps très coloré par la
laque de fer. Des granulations nombreuses se montrent dans ce pronucleus;
enfin, on y découvre des filaments moniliformes à grains de chromatine
séparés par des plaques de linine.

Sur des coupes, à un moment donné, nous ne voyons plus ni irradiations
ni corpuscule central accompagnant le pronucleus femelle; il n'en est pas
de même sur des préparations entières qui montrent ces éléments très nettement pendant quelque temps et même jusqu'à ce que les deux pronuclei,
voisins l'un de l'autre, arrivent en contact.

Pronucleus mâle.

Sur des œufs utérins coupés en même temps que l'animal entier, nous trouvons, comme chez *Cycloporus papillosus,* le spermatozoïde ayant pénétré dans l'œuf d'une longueur plus ou moins considérable; l'élément mâle s'introduit ensuite tout entier dans l'œuf. La photographie 26 nous le montre dans cet état; nous le voyons là, muni d'une tête ovoïde à laquelle fait suite un long fouet. Sur la photographie 27, le fouet est moins visible et le protoplasme environnant s'est coloré d'une façon plus intense.

Le photogramme 28 nous montre que le spermatozoïde est partagé en trois parties bien distinctes; le protoplasme qui l'environne s'est coloré en gris; la partie antérieure est sphérique : c'est la masse de chromatine; la partie moyenne est la pièce intermédiaire qui est ovoïde et qui a l'aspect d'un corpuscule central pendant la période de repos : c'est le centrosome mâle ou spermocentre; le fouet du spermatozoïde est recourbé à gauche et il est très coloré; l'image 29 nous permet de découvrir la tête encore ovoïde et la pièce intermédiaire qui formera le corpuscule central mâle ou spermocentre; la queue est vaguement dessinée.

Un œuf coupé, représenté par la photographie 30, a été mis au point, de façon à donner principalement du relief au spermocentre, exceptionnellement très volumineux. La chromatine étant dans un plan inférieur, a l'aspect plus vague, quoique réellement d'un volume au moins égal à celui du spermocentre. La chromatine s'est entourée de protoplasme qui s'est coloré en gris; en coupe optique, l'image a la forme d'un triangle; c'est la première trace du pronucleus femelle. Sur des préparations entières, nous voyons la chromatine sphérique s'entourer d'une masse de protoplasme qui s'enveloppe d'une membrane. Le pronucleus mâle s'est ainsi constitué.

Le corpuscule central mâle s'irradie; on le voit plongé en même temps dans une masse de fins microsomes. Nous avons quelquefois vu le fouet persister assez longtemps et rester enchevêtré dans les irradiations qui enveloppent le corpuscule central; l'ensemble de cette figure irradiée demeura, pendant tout le temps que nous avons pu la suivre, très proche du pronu-

cleus mâle. A diverses reprises, nous avons vu au milieu des irradiations
deux corpuscules centraux provenant probablement du spermocentre qui se
serait divisé.

Comme nous, de Klinckowström a vu que la pièce intermédiaire s'entoure
d'irradiations, mais il lui est toutefois impossible d'admettre qu'un centrosome
définitif dérive du résidu de la pièce intermédiaire. Le noyau mâle est
ordinairement un peu plus petit que le noyau femelle.

Dans le noyau mâle, la chromatine se résout en fins microsomes; nous y
avons découvert des filaments moniliformes en même temps que de gros
nucléoles très colorables; mais il existe en outre, comme dans le pronucleus
femelle, un vrai nucléole qui se colore d'autant moins fort que l'âge est plus
avancé.

Fusion des pronuclei.

Les pronuclei entrent en contact et nous les voyons, sur des coupes comme
sur des œufs entiers, se fusionner en un seul noyau volumineux, qui reste
quelque temps au repos. La chromatine produit un filament moniliforme;
un fuseau s'établit, et nous trouvons, comme de Klinckowström, douze anses
chromatiques au stade monaster du fuseau de segmentation.

Un œuf a présenté une particularité qu'il est important de faire connaitre.
L'un des pronuclei, probablement celui qui dérive de l'œuf, a perdu sa
membrane; le fuseau existe, tendu entre deux centrosomes, et six anses
chromatiques ou chromosomes sont attachés aux fibres du fuseau périphérique. Des corpuscules centraux, il part un certain nombre de fibrilles
qui s'arrêtent à la membrane encore existante de l'autre pronucleus, qui
est encore au stade de repos; ce pronucleus a la taille qu'affecte ordinairement le demi-noyau mâle. Ainsi donc, l'un des pronuclei est resté dans un
stade moins avancé, tandis que la chromatine de l'autre pronucleus est arrivée
à la phase de *monaster*. On sait d'ailleurs que Rückert (**95**) a observé un
double groupement de chromosomes, d'origine mâle et d'origine femelle, chez
Cyclops. Chez *Thysanozoon brochii*, d'après Van der Stricht (**96**, page 6),
la figure achromatique est parfois aussi divisée en un fuseau achromatique
mâle et en un fuseau achromatique femelle.

Nos préparations entières nous ont montré les particularités suivantes : les deux pronuclei vésiculeux, parfaitement distincts, étaient accompagnés chacun d'un corpuscule central ; plusieurs fois, alors qu'ils étaient en contact, nous avons vu ces corpuscules centraux persister. Le photogramme 31 montre ces mêmes irradiations au centre desquelles nous découvrons sur nos préparations des corpuscules centraux [1]. A partir de ce moment, nous ne savons rien de la reconstitution du fuseau. L'un des centrosomes a-t-il disparu ? Se sont-ils fusionnés ? Nous ne pouvons rien affirmer à cet égard. L'un d'eux aurait-il disparu, que nous nous trouverions dans l'impossibilité de décider d'une façon absolue si c'est le spermocentre ou l'ovocentre qui aurait persisté. Tout au plus aurions-nous pour guide le volume un peu différent des deux demi-noyaux.

Nous ne nous arrêterons pas maintenant aux choses devenues banales et qui sont décrites chez d'autres espèces : telles la division des anses, la formation d'une plaque cellulaire, fait constaté chez la Trémellaire et constaté également lors de la formation des globules polaires. Nous reprendrons d'ailleurs par la suite l'étude de ces différents sujets.

V.

PARTIE GÉNÉRALE.

Quand on prépare, même par les procédés employés par les premiers auteurs qui ont étudié le développement des Polyclades, par exemple en fixant à l'acide acétique en dissolution à 1 % dans l'eau et colorant par le carmin aluné ou boracique, puis montant dans la glycérine, on est frappé de la netteté avec laquelle apparaissent les asters achromatiques ; c'est ainsi que le travail de Hallez (**79**) contient des détails très précis sous ce rapport.

Cette particularité nous faisait espérer, en reprenant l'étude de la Trémel-

---

[1] Par suite d'un accident, le cliché 31 original a été détérioré. La reproduction s'est faite sur une copie qui a perdu forcément un peu de finesse dans les détails.

laire, en 1893, qu'il ne nous serait pas difficile d'obtenir, avec les méthodes de la technique moderne, des préparations qui nous permettraient d'élucider, si pas toutes, au moins quelques-unes des questions relatives au corpuscule central. Cette prévision ne se vérifia pas, et après six semaines de travail, en 1893, au laboratoire d'Ostende, nous ne possédions, malgré un travail persévérant, que quelques œufs montrant d'une façon incomplète les corpuscules centraux. Pendant le mois d'octobre, nos préparations s'étant éclaircies et décolorées suffisamment, il nous fut possible de voir que les fuseaux de direction contenaient des corpuscules polaires; et cet élément se montrait là en tout semblable aux éléments de même nom que nous avions vus dans les préparations de M. Van Beneden, quand il voulut bien nous demander de photographier quelques-uns des œufs d'*Ascaris*.

Ainsi donc, sur la Leptoplanaire, on peut essayer de mettre en relief le corpuscule polaire, et ce pendant des semaines, sans parvenir à des résultats certains. Disons en passant que pendant des mois, nous avons essayé de déceler les corpuscules centraux chez deux espèces appartenant à des groupes différents, sans pouvoir en découvrir la moindre trace; il y a quelques jours, nous sommes arrivé à les mettre en évidence avec autant de sûreté que chez nos Polyclades. Il n'est donc pas surprenant de voir bon nombre d'auteurs annoncer qu'ils n'ont pas trouvé de corpuscules polaires chez certaines espèces dans les fuseaux de direction. Dans ces derniers temps, Julin (**93**) chez *Styelopsis,* Sobotta (**95**) chez la Souris et l'*Amphioxus,* Van der Stricht également chez l'*Amphioxus* (**96²**), n'ont pas trouvé de centrosome dans les fuseaux de direction. Hill (**95**) écrit ce qui suit à propos du même sujet chez *Phallusia mammilata :* « It should here be remarked that throughout the whole process of maturation there is no sign of a centrosome or archoplasmasphere. As is shown however in fig. 9c at either end the spindle is a deep by stained body wich may be called a pseudo-centrosome. »

Hertwig (**95**), ayant traité par la strychnine des œufs d'Étoile de mer non fécondés, a observé malgré cela la division; il s'est formé un fuseau; mais l'auteur n'a pas vu de centrosome. L'œuf (mûr) de l'Étoile de mer et probablement celui de la plupart des animaux manquent de centrosome à l'état normal, dit Hertwig; il existerait des divisions cellulaires qui, par le manque de centrosome, ressembleraient à la division indirecte du noyau des Protozoaires. Hertwig croit toutefois qu'il peut ne pas avoir aperçu un centrosome qui pourtant pourrait exister. Boveri est de cet avis; ce dernier auteur croit qu'il existe encore dans l'œuf mûr un centrosome femelle (ovocentre) rudimentaire, qui, par l'action de la strychnine, reprend une certaine activité, mais qui disparaîtrait pendant la fécondation normale. Hertwig est d'avis que lors de la dégénérescence des demi-fuseaux et des fuseaux entiers des œufs d'Étoile de mer non fécondés, il se forme des corps particuliers qui auraient de l'analogie avec le spermocentre de Boveri, l'archoplasma de Wilson et Matthews. Ces corps constitueraient les centres d'une irradiation considérable. Vu le groupement uniforme des rayons protoplasmiques, il est peu probable qu'il existe encore quelque part un centrosome. Hertwig ajoute : C'est là vraisemblablement ce que Boveri a décrit comme centrosome de l'œuf de l'Étoile de mer. Hertwig pense qu'il n'y a pas lieu de considérer ces éléments comme des centrosomes; ce sont simplement des parties du noyau qui se sont détachées de la substance nucléaire achromatique. Les centrosomes seraient donc de la substance nucléaire achromatique devenue autonome. Nous reprendrons par la suite cette dernière partie de la question.

Prenant (**94**), dans son excellent et judicieux travail sur le corpuscule central, parlant des résultats négatifs concernant les recherches des centrosomes dans les fuseaux de direction, s'exprime ainsi : « Il est fort possible que nombre de ces observations négatives tiennent soit à un examen insuffisamment attentif, soit à un défaut de technique et particulièrement à une coloration incomplète. » On peut être bien plus catégorique maintenant, depuis que, outre les auteurs cités par Prenant, bon nombre de chercheurs ont découvert les corpuscules centraux dans le fuseau de direction. En 1888, dans le compte rendu de la réunion à Würzbourg de l'*Anatomischer Gesellschaft,* est relatée la démonstration faite par Van Beneden de corpuscules centraux dans les figures directrices. Il met sous les yeux des membres du Congrès des « Präparaten, aus welchem hervorgeht, dass Polkörperchen im Zentrum der Attraktivsphären bei den Richtungsfiguren ebensowohl wie in den Theilungsfiguren existieren. Diese Körperchen färben sich nicht weniger

lebhaft, wie die chromatischen Elemente, woraus hervorgeht, dass sie aus
einer anderen Substanz als die achromatischen Fibrillen bestehen, was auch
bei den Körnchen der Terminalplatten der Richtungsfiguren der Fall ist,
wie das Präparat sub 3 zeigt. »

Les observations dans lesquelles les corpuscules centraux sont objectivement signalés dans les fuseaux de direction deviennent de plus en plus
nombreuses; on peut dire qu'actuellement l'hypothèse de la non-existence
de ces éléments dans la maturation ne serait plus admise aussi facilement
qu'autrefois; car, il y a quelques années, c'était presque un dogme qu'il
n'existait pas de corpuscule central dans la formation du globule polaier.
Citons quelques auteurs récents qui ont observé les corpuscules centraux
dans la formation des fuseaux de direction :

Wheeler (**95**) chez *Myzostoma glabrum;* Wilson et Matthew (**95¹**) chez
Toxopneustes variegatus et *Arbacias Forbesii* et *punctulata;* P. vom Rath (**95**)
chez *Anomalocera Patersonii* (fig. 34, *Arch. f. mikr. Anat.*, Bd. 46),
Pleuromma gracile (fig. 34); Valentin Häker (**95**) chez *Cyclops brevicornis*
(*Arch. f. mikr. Anat.*, Bd. 46, p. 592); Van der Stricht chez *Thysano-*
zoon (**94, 95, 96**); Kostanecki et Siedlecki (**96**) chez *Physa fontinalis;*
de Klinckowström chez *Prosthecerœus vittatus* (**97**).

L'absence de corpuscule central dans les fuseaux de direction a été
invoquée par plusieurs auteurs pour étayer l'hypothèse qu'il ne serait pas un
élément permanent de la cellule; on peut dire que c'était même là une des
preuves les plus décisives, si elle avait été vérifiée d'une façon absolue.
Elle ne peut plus être invoquée aujourd'hui, et si elle a rencontré beaucoup de partisans convaincus, ce fut au moment où l'on ne disposait que
de peu de faits objectifs.

Nos observations nous permettent d'affirmer que, à partir du moment où
dans les œufs de *Leptoplana tremellaris*, de *Cycloporus papillosus*, de
Oligocladus auritus et de *Prosthecerœus vittatus*, le deutoplasma de l'œuf a
émigré au pôle végétatif de l'œuf, nous avons découvert les corpuscules
centraux et ce dans des ovules dont le noyau est au repos.

Jusqu'au stade gastrula, il nous est possible d'affirmer que nous n'avons
jamais rencontré de cellules dépourvues de corpuscule central chez *Prosthe-*

cerœus et *Leptoplana tremellaris* [1]. Chez *Cycloporus papillosus,* nous avons vu le même élément jusqu'au stade 8; enfin, chez *Oligocladus,* dans les fuseaux de direction.

Au reste, sous ce rapport, nous pouvons invoquer l'opinion de Kostanecki et Siedlecki, qui, dans leur excellent travail (**96**) *Ueber das Verhalten des Centrosoma,* se montrent très catégoriques. Voici ce qu'ils disent à cet égard : « Die Centrosomen sind besondere, wesentliche Zellbestandtheile, sind morphologisch selbständige dauernde Organe der Zelle. »

L'opinion que Van Beneden a émise dans ses grands travaux de 1884 et 1887, d'ailleurs partagée par Boveri, relativement à l'importance et à la permanence du corpuscule central dans la cellule, nous semble donc mieux assise et mieux étayée que jamais.

Kostanecki et Siedlecki sont d'accord avec Van Beneden, Boveri et Heidenhain (**94**) pour ce qui concerne ce point que les centrosomes sont les centres d'insertion pour les rayons organiques. Ils sont donc aussi partisans de la théorie que les centrosomes constituent des centres d'insertion des rayons organiques. Nos observations également sont absolument concluantes sous ce rapport. Constatons que nous sommes d'accord avec les mêmes auteurs et avec Van der Stricht quant aux changements de formes que subissent les corpuscules centraux pendant la mitose, fait qui a été bien étudié par les auteurs que nous venons de nommer. Nos figures montrent que les corpuscules centraux s'aplatissent quand les insertions se font en grand nombre à la membrane nucléaire, alors qu'elles sont peu nombreuses à la surface de l'œuf.

Examinons brièvement la nature et l'origine du corpuscule central. Est-il de nature cytoplasmique ou nucléaire? Sur quel territoire a-t-il pris naissance? Ce sont là des questions épineuses, et nous ne pouvons résumer ici toutes les opinions qui se sont fait jour à ce sujet. Nous citerons cependant celles de quelques auteurs. On sait que Bauer, chez l'*Ascaris megalocephala,* l'a trouvé dans le noyau. Boveri (**95**) croit qu'il s'agit ici d'une

---

[1] Il s'agit ici, bien entendu, de faits constatés sur des préparations réussies. Les insuccès dans les manipulations ne doivent pas entrer en ligne de compte.

question de lieu; le centrosome se trouve quelquefois dans le *noyau,* le plus souvent dans le protoplasme; pendant la karyokinèse, dit cet auteur, il ne reste du noyau que les chromosomes; donc la membrane et la chromatine ne peuvent être considérées comme parties intégrantes du noyau; le noyau au repos est une maison bâtie pour les chromosomes; il se peut que par hasard on y trouve le centrosome.

O. Hertwig (**95**) dit qu'il n'a pu se former une opinion certaine quant à la question de l'origine. Il admet pourtant que diverses raisons tendent à prouver que le corpuscule central naîtrait du noyau. Pour ce qui concerne l'un des considérants en faveur de cette thèse, qui est basée sur l'apparition du corpuscule polaire coïncidant avec la disparition des nucléoles, nous pensons qu'il doit être définitivement abandonné : nous trouvons les corpuscules centraux dans nos œufs bien avant la disparition des nucléoles.

Van der Stricht suppose (**96**) que les corpuscules centraux, y compris leurs granulations centrales, se forment aux dépens de corpuscules chromatiques émigrés du noyau. Dans sa note concernant le même sujet et contenue dans *Verhandlungen der anatomischen Gesellschaft* (Strasbourg, mai 1894), il est très catégorique à cet égard ; on peut affirmer, dit-il, avec une certitude absolue que le cytocentre provient d'une partie chromatique du noyau.

Quant à l'hypothèse de Julin, qui, à la page 59 de son mémoire sur *Styelopsis* (**93**), admet que le nucléole devient le centrosome du spermatocyte de premier ordre et que les choses se passent de la même façon au moment où va s'accomplir la mitose ordinaire, nous la regardons comme peu probable; nous avons déjà dit pourquoi : chez nos Polyclades, en effet, nous voyons subsister le nucléole longtemps après l'apparition du corpuscule central.

Chez *Prosthecerœus,* de Klinckowström (**97**) dit avoir rencontré une fois le centrosome dans le noyau. Nous n'avons pu faire pareille constatation. Sans doute nous trouvons assez souvent dans le noyau, en traitant à la méthode du fer de Heidenhain, des corpuscules colorés comme des corpuscules centraux et ayant l'aspect de ces derniers. Mais si l'on essaie, ce qui est assez difficile, le colorant de Biondi, ces mêmes corps prennent une teinte verte ou vert très pâle. Jamais ils ne se teignent, comme les corpuscules centraux, en rose légèrement violet.

Si nous trouvons le plus souvent, dès les premiers moments de leur apparition, les centrosomes appliqués contre la membrane du noyau au repos, nous devons ajouter que différentes fois, tandis même que l'un des corpuscules centraux est appliqué contre la membrane, l'autre corpuscule, ayant même forme et même aspect, renfermé dans sa sphère attractive, est éloigné de la membrane.

De toutes nos observations, nous ne pouvons pas apporter un seul fait à l'appui de l'origine nucléaire du corpuscule central dans l'ovule avant le commencement de la maturation. Par la suite, ce corpuscule, nous semble-t-il, ne rentre pas dans le noyau.

Des auteurs ont invoqué les caractères chimiques du corpuscule central comme preuve à l'appui de l'origine nucléaire de cet élément. Nos observations ne nous permettent pas de nous ranger à cet avis. Des réactifs colorants tels que le Biondi ont toujours différencié les substances du noyau de celles du centrosome. Quand après avoir traité, par exemple, des coupes de Leptoplanaire par la laque de fer, nous avons vu les segments nucléaires et les centrosomes si semblables en forme et en couleur, nous avons été tenté de tirer de là quelques conclusions. Mais la coloration de Biondi a nettement différencié ces objets. Les segments prenaient une teinte d'un beau vert foncé; quant au centrosome, si nous n'avions connu au préalable son existence, il est probable qu'il nous eût échappé, coloré en rouge légèrement violet au milieu des granulations roses de la sphère attractive.

Examinons maintenant très brièvement ce qui concerne l'origine du corpuscule central dans le premier fuseau de segmentation. Actuellement l'hypothèse de Boveri, qui est généralement admise, est celle qui fait dériver le corpuscule central de la pièce intermédiaire du spermatozoïde, et sous ce rapport, bon nombre d'observateurs ont apporté de multiples preuves a l'appui de cette thèse; c'est ainsi que Fick (**93**), Sobotta (**95**), Rückert (**95**), Julin (**93**) admettent que le spermatozoïde fournit seul le centrosome. Il en est de même de Wilson et Matthews (**95**), Hill (**95**), Kostanecki et Wierzejski (**96**), qui nient en outre l'existence du quadrille des centres de Foll.

Par contre, Wheeler (**95**), chez *Mysostomum*, a vu le corpuscule central (ovocentre) du premier fuseau de segmentation dériver de l'œuf même.

Le quadrille des centres de Foll (**91**) est trop connu pour que nous nous y arrétions; à ce propos, disons en passant que Boveri (**95**), discutant la possibilité de la réalisation du transport des demi-ovocentre et spermocentre à travers l'œuf, dit qu'il serait plus naturel d'admettre la fusion directe de l'ovocentre et du spermocentre.

Van der Stricht (**97**) a étudié chez *Thysanozoon brochii* la question qui nous occupe en ce moment. En raison de l'importance et de l'intérêt de l'opinion qu'émet cet auteur, puisqu'il s'agit d'un Polyclade, nous croyons nécessaire de citer intégralement le texte, qui se rapporte à ses conclusions :

« Existe-t-il, à côté du pronucleus mâle, un spermocentre (Fol)? Jamais il ne nous
» a été donné d'observer un spermocentre distinct de l'ovocentre. Nous ajouterons
» cependant que, malgré ce fait, nous ne nions point la théorie de Fol, d'après qui la
» fécondation consiste non seulement dans l'addition de deux noyaux provenant
» d'individus et de sexes différents, mais encore dans la fusion deux à deux de quatre
» demi-centres, provenant les uns du père, les autres de la mère, en deux astrocentres
» combinés. Chez le *Thysanozoon brochii*, il ne peut être question d'un quadrille. Il
» existe ici manifestement un ovocentre unique. A un moment donné de la fécon-
» dation, il est attenant d'un côté au pronucleus femelle et d'un autre côté au pronu-
» cleus mâle. Or, ce dernier envoie un prolongement à l'intérieur de l'ovocentre,
» une espèce de long pseudopode clair renfermant un nucléole de petites dimensions,
» de même nature que ses congénères.
» Ces images ne sont pas rares, on les observe fréquemment. Quelle importance
» faut-il leur attribuer? D'après nous, il ne peut exister aucun doute à cet égard : le
» pronucleus mâle dépose à l'intérieur de la sphère attractive, d'origine ovulaire, un
» corpuscule ayant la signification d'un spermocentre. Nous avons observé ce corpus-
» cule à l'intérieur du pseudopode du pronucleus mâle. Il est vrai que jusqu'ici nous
» ne l'avons point vu sortir de ce prolongement nucléaire. Mais en admettant qu'il
» sorte et qu'il pénètre dans la sphère attractive, il n'y a rien d'étonnant qu'on ne
» l'y retrouve pas, car, étant incolore, il doit être très difficile à déceler au milieu
» de la sphère attractive, à ce moment très compacte. L'importance de ces données
» est fort grande au point de vue de la théorie de la fécondation. D'après Fol, le
» résultat final du processus de la fécondation consiste dans la bisexualité de chaque
» centrosome (astrocentre) du premier amphiaster de fractionnement. En d'autres
» termes, chaque centrosome est moitié mâle et moitié femelle. Or, s'il est vrai que
» le pronucleus mâle de l'œuf de *Thysanozoon* dépose à l'intérieur de la sphère
» attractive ovulaire un corpuscule ayant la valeur d'un spermocentre, il faut admettre

» que les deux centres mâle et femelle se fusionnent à l'intérieur de ces sphères. Dans
» les ovules observés par Fol, chaque centre se divise en deux et la fusion s'opère
» ultérieurement. Chez le *Thysanozoon*, il y a d'abord fusion et la division s'opère
» plus tard. Mais le résultat final est le même; chaque centrosome du premier
» amphiaster de fractionnement est moitié mâle et moitié femelle. Ces données
» concordent avec les résultats auxquels nous a conduit l'étude de la fécondation de
» l'œuf d'*Amphioxus lanceolatus*. »

Nous trouvons très ingénieuse la démonstration qui précède; il nous eût
été bien difficile de rendre en résumé les vues de l'auteur : c'est ce qui fait
que nous nous sommes permis de citer complètement le texte qui précède.

Pour ce qui concerne nos observations, rappelons que nous avons vu un
corpuscule central mâle (spermocentre) dérivant de la pièce intermédiaire
chez *Prosthecerœus vittatus*; ce fait a été constaté à la fois sur des préparations entières et sur des œufs coupés, colorés à la laque de fer.

Sphères attractives. — Il serait fastidieux de vouloir rappeler toute la
bibliographie relative aux sphères attractives. Nous avons, dès l'apparition
des corpuscules centraux, découvert que ces derniers éléments étaient inclus
dans une masse granuleuse microsomale radiée, ayant des affinités bien
définies pour les réactifs colorants; c'est autre chose qu'un territoire d'où
serait exclu le deutoplasme par un resserrement du réseau cytoplasmique.
Avant même que les irradiations des asters achromatiques apparaissent,
ces formations existent déjà. En toutes circonstances, nous retrouvons ces
sphères attractives. Nous les voyons se diviser en même temps que les
corpuscules centraux, et même leur division commence avant celle des
corpuscules centraux. Elles ont, à notre avis, un caractère de permanence
que nos observations mettent en relief; c'est, avec le noyau, les éléments
qu'il nous est le plus facile de déceler chez nos Polyclades. Malgré des
avis contraires, très respectables d'ailleurs, nous admettons avec Éd. Van
Beneden (**87**) que les sphères attractives ne disparaissent pas : « elles
» persistent à côté du noyau, en tant que portion différenciée du corps
» cellulaire, avec leurs corpuscules centraux à tous les moments de la vie
» cellulaire ». (*Nouvelles recherches sur la fécondation et la division mitosique chez l'Ascaride mégalocéphale*, p. 273.)

Le corpuscule central (spermocentre) s'est entouré d'une sphère attractive
et d'irradiation; le tout accompagnait le pronucleus mâle. Chez la Trémellaire, nous avons également constaté que le pronucleus mâle était muni
d'un corpuscule central. Nous avons suivi l'ensemble de cette figure accompagnant le pronucleus mâle jusqu'à ce qu'elle vienne en contact avec le
pronucleus femelle qui, lui, était muni d'un corpuscule central (ovocentre)
et d'une sphère attractive dérivant l'un et l'autre du deuxième fuseau de
direction. Les deux formations étant en contact, la membrane des deux
noyaux tangents s'est résorbée. A ce moment, l'ovocentre et le spermocentre
existaient encore (œufs entiers).

Les données que nous possédons relativement à l'origine des corpuscules
centraux du premier fuseau de segmentation, sont trop incertaines pour
que nous puissions émettre une hypothèse à ce sujet.

Réduction chromatique chez les Polyclades.

Dans son travail sur la réduction chromatique à la maturité de l'élément
mâle et femelle, vom Rath (95) constate comme conclusion qu'il a toujours
observé, dans l'ovogenèse et la spermatogenèse, l'existence des groupes
quaternes (Vierergruppen); au stade spirem (Knäuelstadium), il a eu
l'occasion de voir les segments de chromatine se diviser par une fente
longitudinale (Langspaltung) du filament chromatine; il s'est formé ainsi
deux « Schwestersegmenten », tantôt à l'aide d'un anneau (Ringbildung),
tantôt sans anneau; de chacun des segments naissent par contraction quatre
bâtonnets ou quatre sphérules.

Si l'on compare maintenant nos observations avec celles de vom Rath,
on acquerra la conviction, que de Klinckowström (97) a formulée aussi
d'ailleurs, que les segments nucléaires de l'œuf des Polyclades, à la maturité,
sont homologues aux groupes quaternes signalés d'abord par Boveri et
étudiés par différents auteurs.

Chez la Trémellaire, nous avons en effet vu le cordon chromatique affecter
la forme d'anneaux et de figures en forme de losange; ces segments ont
une grande ressemblance avec ceux qui ont été figurés par vom Rath

dans le travail ci-dessus indiqué, dans l'œuf mûr de *Anomalocera Patersonii* (fig. 32). La forme de losange qu'affectent les segments de la Trémellaire principalement (figure 14 de notre travail), de *Prosthecerœus* (fig. 4) et de nos autres Polyclades, rappelle l'aspect des segments d'*Anomalocera Patersonii* figurés par vom Rath (fig. 33 et 34, taf. VIII). Pour ce qui concerne la division des segments chez les Polyclades, il est évident que la forme de poignard décrite par de Klinckowström, et la forme de double clou que nous avons signalée, ont les plus grandes analogies avec les anses restées ouvertes des groupes quaternes représentés par vom Rath dans la figure 36 (*Pleuromma gracile*) et dans la figure 39 (*Eucalanus attenuatus*). Il est évident que la forme de poignard ou de double clou résulte de deux branches de l'anse qui se seraient rapprochées et qui seraient entrées plus ou moins en coalescence. Au reste, nous avons constaté chez nos Polyclades que quelquefois le segment nucléaire, après la métacinèse, affectait la forme d'anse, comme les choses existent pour les animaux étudiés par vom Rath.

Nous sommes donc d'accord avec de Klinckowström pour admettre que les segments nucléaires des œufs mûrs des Polyclades ont la valeur des groupes quaternes. Chez la Trémellaire, il y a huit segments nucléaires dans les fuseaux des globules polaires; il en est de même chez *Cycloporus papillosus*. Le nombre est double; donc il est de seize dans les fuseaux de segmentation.

Appliquant à la Trémellaire et à *Cycloporus papillosus* les raisonnements que de Klinckowström a formulés pour *Prosthecerœus vittatus* et que vom Rath (**95**) a proposés antérieurement, chaque segment du premier fuseau de direction doit compter double, puisque les globules polaires effectuent la réduction et que le spermatozoïde ramène la chromatine nécessaire à la formation du premier noyau de segmentation; imitant donc de Klinckowström et vom Rath et appelant *a, b, c, d, ..., n, o, p* les seize chromosomes du premier fuseau de segmentation, les huit segments nucléaires devant compter double du premier fuseau de direction seront :

$$ab, \quad cd, \quad .... \quad mn, \quad op.$$

Quand ces huit segments seront divisés, on aura :

$$\frac{ab}{a'b'}, \quad \frac{cd}{c'd'}, \quad \frac{ef}{e'f'}, \quad \ldots, \quad \frac{mn}{m'n'}, \quad \frac{op}{o'p'}.$$

Si le premier globule polaire emporte ab, cd, ef, ..., mn, op, il restera dans l'œuf huit segments sur le deuxième fuseau de direction, qui seront :

$$a'b', \quad c'd', \quad e'f', \quad \ldots, \quad m'n', \quad o'p',$$

et après leur division on aura :

$$\frac{a'}{b'}, \quad \frac{c'}{d'}, \quad \frac{e'}{f'}, \quad \ldots, \quad \frac{m'}{n'}, \quad \frac{o'}{p'}.$$

Supposons que huit segments a', c', e', ..., m', o' soient enlevés par le deuxième globule polaire; il restera dans l'œuf b', d', f', ..., n', p', qui formeront la chromatine femelle du pronucleus de ce nom. Si maintenant nous supposons le spermatozoïde rapportant les éléments chromatiques également réduits sous forme de huit segments que nous appellerons B', D', F', ..., N', P', la chromatine du fuseau de segmentation sera

$$(b', d', f' \ldots n', p') \quad (B', D', F' \ldots N', P').$$

Pronucleus femelle.   Pronucleus mâle.

Nous n'examinons pas les combinaisons que l'on pourrait imaginer à ce propos et nous nous contentons actuellement de résumer la question, comptant y revenir bientôt.

BIBLIOGRAPHIE.

94. Brauer, Zur Kenntniss der Reifung des parthenogenetisch sich entwickelnden Eies von *Artemia salina*. (*Arch. f. mik. Anat.*, Bd. XLIII.)

87. Boveri, Ueber den Anteil des Spermatozoon an der Teilung des Eies. (*Sitzungsb. d. Ges. f. Morph. u. Phys. in München*, Bd. III, H. 3.)

95. Idem, Ueber das Verhalten der Centrosomen bei der Befruchtung des Seeigeleies. (*Verhandlungen der Phys. med. Gesells. zu Würzburg*, Bd. XXIX, nr 1.)

79. Hallez, Contribution à l'histoire naturelle des Turbellariés. Lille, 1879 (Thèse).

93. Fick, Ueber die Reifung und Befruchtung des Axolotleies (*Zeitschr. f. wiss. Zool.*, Bd. LVI.)

94. Heidenhain, Neue Untersuchungen über die Centralkörper und ihre Beziehungen zum Kern und Zellenprotoplasma. (*Arch. f. mik. Anat.*, Bd. XLIII, H. 3.)

95. Hertwig (R.), Ueber Centrosoma und Centralspindel. (*Sitzungsb. d. Ges. f. Morph. u. Phys. in München*, XI, 1895, H. 1.)

94. Hertwig (O.), La cellule et les tissus (traduit de l'allemand), Paris, 1894.

95. Hill (M. D.), On fecundation, maturation and fertilisation. (*Quarterly Journal of microscopical Science*, nov. 1895, p. 515.)

93. Julin, Structure et développement des glandes sexuelles : ovogenèse, spermatogenèse et fécondation chez le *Styelopsis grossularia*. (*Bull. scient. de la France et de la Belgique*.)

64. Keferstein, Beiträge zur Anat. und Entwicklungs. einiger Seeplanarien von St. Malo. (*Abhandl. der königl. Gesellsch. der Wissensch. zu Göttingen*, Bd. XIV, pp. 5-38.)

97. de Klinckowström, Beiträge zur Kenntniss der Eireifung und Befruchtung bei *Prosthecerœus villatus*. (*Arch. f. mik. Anat.*, Bd. XLVIII, 44 pages, 587 à 609.)

96. Kostanecki und Siedlecki, Ueber das Verhältniss der Centrosoma zum Protoplasma. (*Arch. f. mikr. Anat.*, Bd. XLVIII.)

96. Kostanecki und Wierzejski, Ueber das Verhalten der sogen. achromatischen Substanz im befruchteten Ei. (*Arch. f. mik. Anat.*, LII, 42, p. 809.)

88. Kultschitzky, Die Befruchtungsvorgänge bei *Ascaris megalocephala*. (*Arch. f. mikr. Anat.*, Bd. XXXI.)

95. Rückert, Ueber das Selbstständigbleiben der väterlichen und mütterlichen Kern-substanz während der ersten Entwicklung befruchteten Cyclops Eies. (*Arch. f. mikr. Anat.*, Bd. XLV.)

95. Sobotta, Die Befruchtung und Furchung des Eies der Maus. (*Arch. f. mikr. Anat.*, Bd. XLV.)

66. Vaillant, Remarques sur le développement d'une planariée dendrocœle : *Poly-celis lævigatus*. (*Mém. Acad. de Montpellier*, tome VII, pp. 95-108.)

70. Van Beneden (Éd.), Recherches sur la composition et la signification de l'œuf. (*Mém. cour. Acad. des sc. de Belgique*, tome XXXIV, pp. 66 et 67.)

83. Idem, Recherches sur la maturation de l'œuf, la fécondation et la division cellu-laire. (*Arch. de biologie*, Gand, 1883.)

87. Van Beneden (Éd.) et Neyt (A.), Nouvelles recherches sur la fécondation et la divi-sion mitosique chez l'Ascaride mégalocéphale. (*Bull. Acad. roy. de Belgique.*)

94. Van der Stricht (O.), De l'origine de la figure achromatique de l'ovule en mitose chez *Thysanozoon brochii*. (*Verhandlungen der anat. Gesells. auf der Versammlung in Strassburg*, 1894.)

95. Idem, La maturation et la fécondation de l'œuf d'*Amphioxus lanceolatus*. (*Arch. de biologie*, t. XIV.)

96. Idem, La maturation et la fécondation de l'œuf de *Thysanozoon brochii*. (Asso-ciation française pour l'avancement des sciences. Congrès de Carthage. [Séance du 3 avril 1896].)

96[1]. Idem, Le premier amphiaster de rebut de l'ovule de *Thysanozoon brochii*. (*Biblio-graphie anatomique*, nº 1 [janvier et février 1896.])

96[2]. Idem, Anomalies lors de la formation de l'amphiaster de rebut. (*Bibliographie anatomique*, nº 1 [janvier et février 1896].)

95. Vom Rath, Neue Beiträge z. Frage d. Chromatinreduction der Samen in Eireife. (*Arch. f. mik. Anat.*, Bd. XLVI.)

95. Wheeler, The behavior of the centrosomes in the fertilized egg of *Myzostoma glabrum*. (*Journal of morphology*, V, 10.)

95. Wilson, Archoplasma, centrosome and chromatin in the Sea Urchin Egg. (*Journal of morphology*, vol. XI, oct. 1895, nº 2, pp. 444 à 478.)

95. Wilson and Mathews, Maturation, fertilization and polarity of the Echinoderm Egg. (*Journal of morphology*, vol. X, nº 1.)

EXPLICATION DES PLANCHES.

Les photographies représentées dans les trois planches ont été obtenues avec les plaques Lumière de Lyon; ces plaques étaient orthochromatiques ou bien elles ont été rendues telles par une préparation à laquelle nous les soumettions. Nous attirons l'attention du lecteur sur ce fait que les œufs entiers pondus, montés à la glycérine, ont augmenté légèrement de volume, tandis que les œufs coupés à la paraffine ont subi au contraire un léger retrait, si l'on prend pour base les dimensions sur le vivant.

PLANCHE I.

Leptoplana tremellaris (fig. 1 à 28) et *Oligocladus auritus* (fig. 29 à 32).

Leptoplana tremellaris.

PHOTOGRAPHIE 1. — Coupe d'un œuf utérin. Chlorure mercurique acétique, alcool iodé, différents alcools, inclusion à la paraffine, laque de fer de Heidenhain. Grossissement, 420 diamètres. Vésicule germinative, nucléole très coloré.

PHOTOGRAPHIE 2. — Mêmes indications que pour 1, nucléole moins coloré.

PHOTOGRAPHIE 3. — Mêmes indications que pour 1, peloton de chromatine mieux organisé que précédemment.

PHOTOGRAPHIE 4. — OEuf pondu, entier, préparé à 8 heures du matin; acide azotique à 3 %, lavage par le liquide glycériné indiqué à la page 8. Colorant de Van Beneden. Figure cinétique pour la formation du premier globule polaire, au centre de l'œuf. Réseau cytoplasmique. Grossissement, 350 diamètres.

PHOTOGRAPHIE 5. — OEuf pondu, préparation entière, 8 1/2 heures du matin. Mêmes indications techniques que pour la photographie 4. L'aster achromatique d'expulsion pour la formation du premier globule polaire est voisin de la périphérie de l'œuf. Réseau cytoplasmique.

PHOTOGRAPHIE 6. — OEuf pondu, entier; mêmes indications que pour les photographies 4 et 5.

PHOTOGRAPHIE 7. — Mêmes indications que pour 4, 5 et 6. OEuf pondu, entier. Commencement du bourgeonnement du premier globule polaire.

PHOTOGRAPHIE 8. — Indications de la photographie 7.

PHOTOGRAPHIE 9. — OEuf utérin, coupé après inclusion dans la paraffine, la fixation étant le sublimé acétique indiqué pour les photographies 1 et 2. Colorant de Heidenhain à l'hématoxyline au fer. Corpuscule central coloré en noir; chromosomes, idem. Sphères attractives colorées en gris bleuâtre.

Photographie 10. — Comme 9.

Photographie 11. — Mêmes indications que pour 9. Corpuscule central en voie de division.

Photographie 12. — OEuf utérin coupé. Enrobage à la paraffine, la fixation étant le sublimé acétique et la coloration, la laque de Heidenhain (voir ce qui précède). Sphère attractive venant de se diviser; les deux sphères sœurs sont encore en contact. Corpuscules centraux.

Photographie 13. — OEuf pondu, coupé. Mêmes indications techniques que pour 12. Corpuscule central externe à la périphérie de l'œuf. Fuseau, segments nucléaires.

Photographie 14. — OEuf utérin. Mêmes indications techniques que pour 12. Trois groupes quaternes en forme de losange; au-dessus de ces derniers, une sphère attractive peu colorée et au centre de celle-ci, un corpuscule central.

Photographie 15. — OEuf entier, pondu. Acide azotique à 3 %, lavage au liquide glycériné, colorant de Van Beneden. Segments nucléaires séparés en deux groupes; le groupe P est destiné à l'expulsion.

Photographie 16. — OEuf entier, pondu. Mêmes indications techniques que pour 15. M, pronucleus mâle, conique, portant vers la pointe le spermocentre. F, pronucleus femelle.

Photographie 17. — OEuf pondu, entier, préparé vers 11 heures du matin. Liquide de Hermann, lavage au liquide glycériné qui fait gonfler la coque de l'œuf, tandis que le protoplasme de ce dernier conserve sensiblement son volume normal. Colorant de Van Beneden. Pronucleus femelle F surmonté d'une sphère attractive S renfermant un corpuscule central. Pronucleus M mâle.

Photographie 18. — Mêmes indications techniques que pour 17. Les deux pronuclei sont en contact.

Photographie 19. — OEuf pondu, préparé à midi par le sublimé acétique, coupé après enrobage à la paraffine précédé d'une imbibition à la celloïdine. Coloration à la laque de fer. Dyaster de segmentation.

Photographie 20. — OEuf pondu, entier. Indications techniques comme pour 15. OEuf et trois globules polaires.

Photographie 21. — OEuf pondu, entier. Indications techniques comme pour 15. Les segments nucléaires qui doivent rester dans l'œuf après l'expulsion du deuxième globule polaire ont seuls été mis au point.

Photographie 22. — OEuf pondu, coupé. Indications techniques comme pour 19. Huit segments nucléaires dont deux montrent la forme de petits anneaux ou de perles à enfiler.

Photographie 23. — OEuf pondu, entier. Indications techniques comme pour 15. Segmentation en deux blastomères.

Photographie 24. — Coupe d'un œuf entier, pondu. Fixation au sublimé acétique ; enrobage à la paraffine précédé d'une imbibition à la celloïdine que l'on durcit ensuite. Coloration à la laque de Heidenhain. Corpuscule central volumineux, traces de chromosomes coupés en quelques points. Fuseau.

Photographie 25. — OEuf entier, pondu. Liquide de Hermann, colorant de Van Beneden. Corpuscule central et sphère attractive. Grossissement, 350 diamètres.

Photographie 26. — OEuf utérin, coupé : section à travers les segments nucléaires au stade monaster de la cinèse du premier globule polaire.

Photographie 27. — OEuf entier, pondu. Liquide de Hermann, lavage au liquide glycériné, coloration au liquide triacide (rubine S, vert de méthyle, orange G) (voir p. 8). 9 heures du matin. Commencement de l'émergence du premier globule polaire. 350 diamètres.

Photographie 28. — OEuf utérin, coupé. La vésicule germinative est bosselée ; elle contient des fragments de chromatine. L'œuf est irradié.

Photographies 29, 30, 31, 32. — *Oligocladus auritus.* OEufs utérins, l'animal entier ayant été plongé dans le sublimé acétique froid, puis passé à l'alcool iodé et ensuite dans les différents alcools. Coupes à la paraffine. Coloration sur lame par la laque ferro-hématoxylique de Heidenhain.

PLANCHE II.

Prosthecerœus vittatus.

Photographie 1. — *Prosthecerœus vittatus* géant, mesurant 5 centimètres de long. Photographie grandeur naturelle, instantanée, l'animal complètement étalé circulant sur le fond d'un cristallisoir rempli d'eau de mer.

Photographie 2. — OEuf utérin. Fixation au sublimé ; colorant : laque ferro-hématoxylique de Heidenhain. Grossissement, 420 diamètres. Vésicules germinatives contenant un nucléole volumineux. Cordon moniliforme de chromatine.

Photographie 3. — Mêmes indications techniques que pour la photographie 2. Stade spirem.

Photographie 4. — OEuf pondu, coupé après inclusion dans la paraffine ; préalablement, on l'avait imbibé de celloïdine que l'on a durcie. Grossissement, 420 diamètres. Laque ferro-hématoxylique de Heidenhain. Six segments nucléaires dont deux en forme d'anneau.

Photographie 5. — Mêmes indications que pour la photographie 4. Fuseau de direction du premier globule polaire. Corpuscules centraux, fuseau, segments nucléaires.

Photographie 6. — OEuf utérin. Indications techniques de la photographie 3. Vésicule germinative au repos. Corpuscule polaire fusiforme accolé à la membrane nucléaire. Grossissement, 500 diamètres.

Photographie 7. — Indications techniques correspondant aux photographies 3 et 6. Vésicule germinative avec membrane. Corpuscule central enveloppé d'une sphère attractive; début du fuseau périphérique. La figure de la page 42 représente les mêmes détails, non pas à un grossissement de 100, comme il est indiqué par erreur, mais à une amplification de 1000 diamètres.

Photographie 8. — Mêmes indications que pour 6 et 7. Les deux corpuscules centraux et les sphères attractives se découvrent bien.

Photographie 8bis. — Idem.

Photographies 9 et 9bis. — Pour les indications techniques, voir photographie 2. Vésicule germinative possédant encore sa membrane. Formation du fuseau. Même œuf photographié à deux amplifications différentes.

Photographies 10, 11, 12, 13. — Indications de préparation comme 2 et 6. Grossissement, 480 diamètres. La photographie 10 montre la formation des fuseaux. Les photographies 11, 12 et 13 représentent des coupes à travers un même œuf. Formation du fuseau.

Photographies 14, 15, 15bis, 15ter. — Mêmes indications techniques que précédemment. Différentes phases de la cinèse du premier globule polaire.

Photographie 16. — OEuf utérin. Deux centrosomes dans une même sphère attractive. Grossissement, 480 diamètres.

Photographies 17 et 18. — OEufs pondus, entiers. Liquide de Hermann, lavage au liquide glycériné. Colorant de Van Beneden. Fuseau de la cinèse du premier globule polaire. Corpuscules centraux.

Photographie 19. — Coupe à travers un œuf correspondant au stade où se trouvaient les œufs entiers représentés par les figures 17 et 18. Fixation : sublimé acétique. Alcool iodé, etc. Imbibition à la celloïdine que l'on durcit ensuite. Colorant : laque de Heidenhain. Corpuscules centraux, sphères attractives, fuseau, etc.

Photographie 20. — OEuf entier, pondu, provenant d'un individu géant. Fixation : liquide de Hermann. Coloration de Van Beneden, etc. Figure de la cinèse du premier globule polaire occupant le centre de l'œuf; ce dernier se serait divisé en deux parties presque égales, si le développement n'avait pas été arrêté par la fixation.

Photographies 21 et 22. — Détails techniques semblables à ceux indiqués pour la photographie 20. OEuf dans lequel on trouve la figure correspondant au deuxième globule polaire. P, premier globule polaire énorme, contenant une figure cinétique; lamelle séparant l'œuf et le globule polaire.

PLANCHE III.

Prosthecerœus vittatus (fig. 23, 24bis, 25, 25bis, 26, 27, 28, 29, 31, 32).

Photographies 23 et 24bis. — Détails techniques des œufs représentés par les photographies 20 et 21. L'œuf O et le globule polaire P ont fourni chacun une gastrula. La lamelle M, existant déjà dans les œufs 20 et 21, a persisté.

Photographies 24, 25 et 25bis. — Coupes à travers des œufs pondus. Technique indiquée précédemment dans les mêmes circonstances. Fuseau de direction du deuxième globule polaire.

Photographies 26, 27, 28 et 29. — Coupes à travers des œufs pondus. Technique indiquée pour les coupes. Transformations du spermatozoïde.

Photographie 31. — OEuf entier. (Voir précédemment technique pour les œufs entiers.) Noyau reconstitué par la fusion des pronuclei; deux centres d'irradiation; la préparation montrait les deux corpuscules centraux.

Photographie 32. — Comme 31 pour les indications techniques. Les deux pronuclei en contact.

Cycloporus papillosus (fig. 33, 33bis, 33ter, 34, 35, 36, 37, 38, 39, 40, 41, 42).

Photographies 33 et 34. — OEufs utérins. Fixation au sublimé acétique. Colorant : laque ferro-hématoxylique de Heidenhain. Vésicule germinative munie de la membrane nucléaire. Corpuscule central.

Photographies 35 et 36. — OEuf entier pondu. Technique indiquée plus haut pour les œufs dans les mêmes circonstances, groupes quaternes.

La photographie 37 montre, outre le corpuscule central, le réseau cellulaire plus serré.

Photographies 33bis, 33ter, 38, 39, 40, 41, 42. — OEufs pondus traités par le sublimé acétique coupé à la paraffine; imbibition préalable à la celloïdine. Grossissement, 420 diamètres.

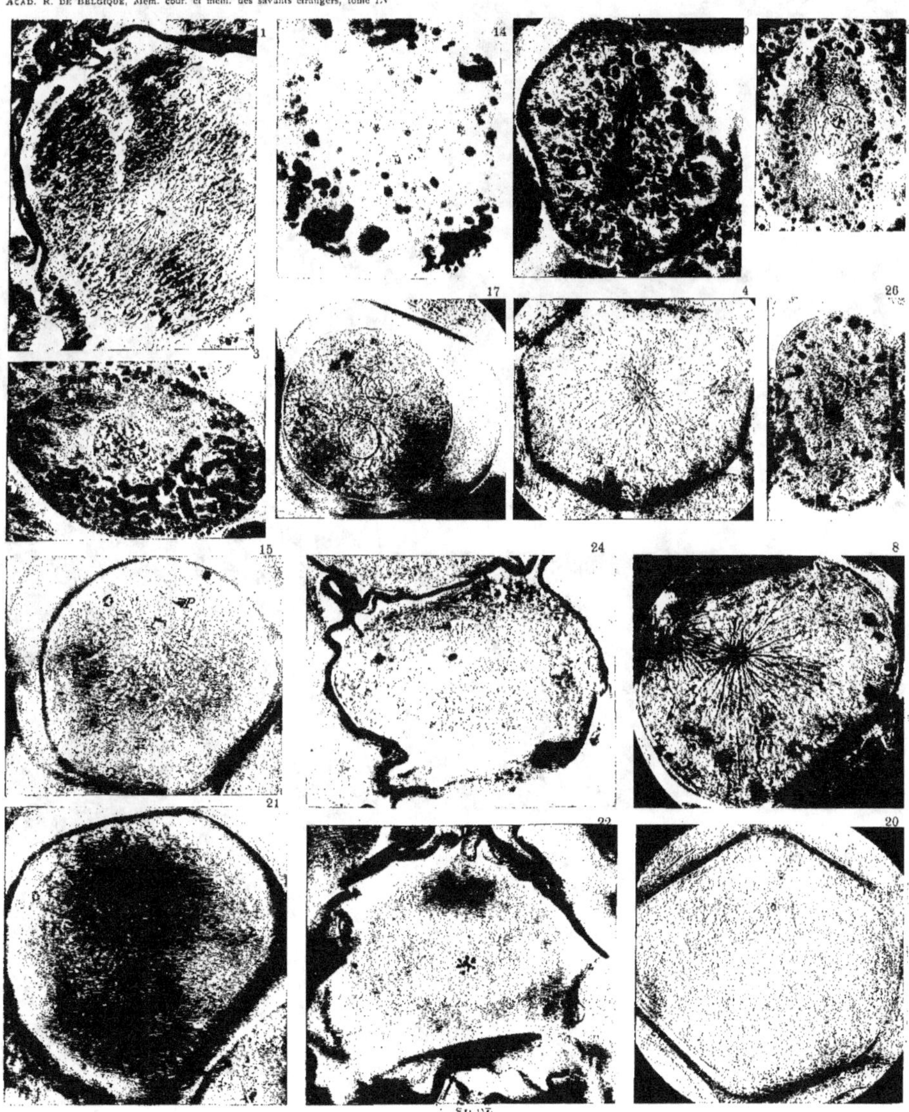

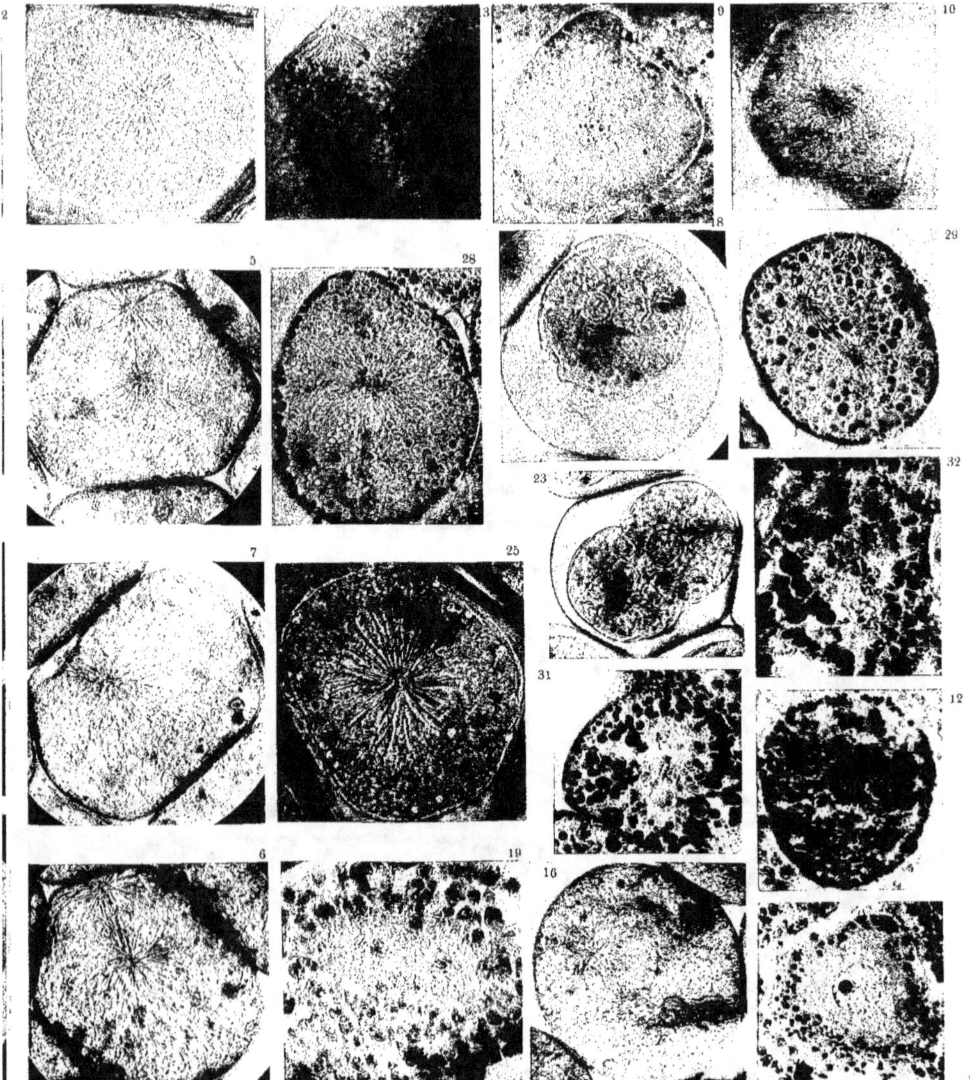

Photogrammes de P. Francotte

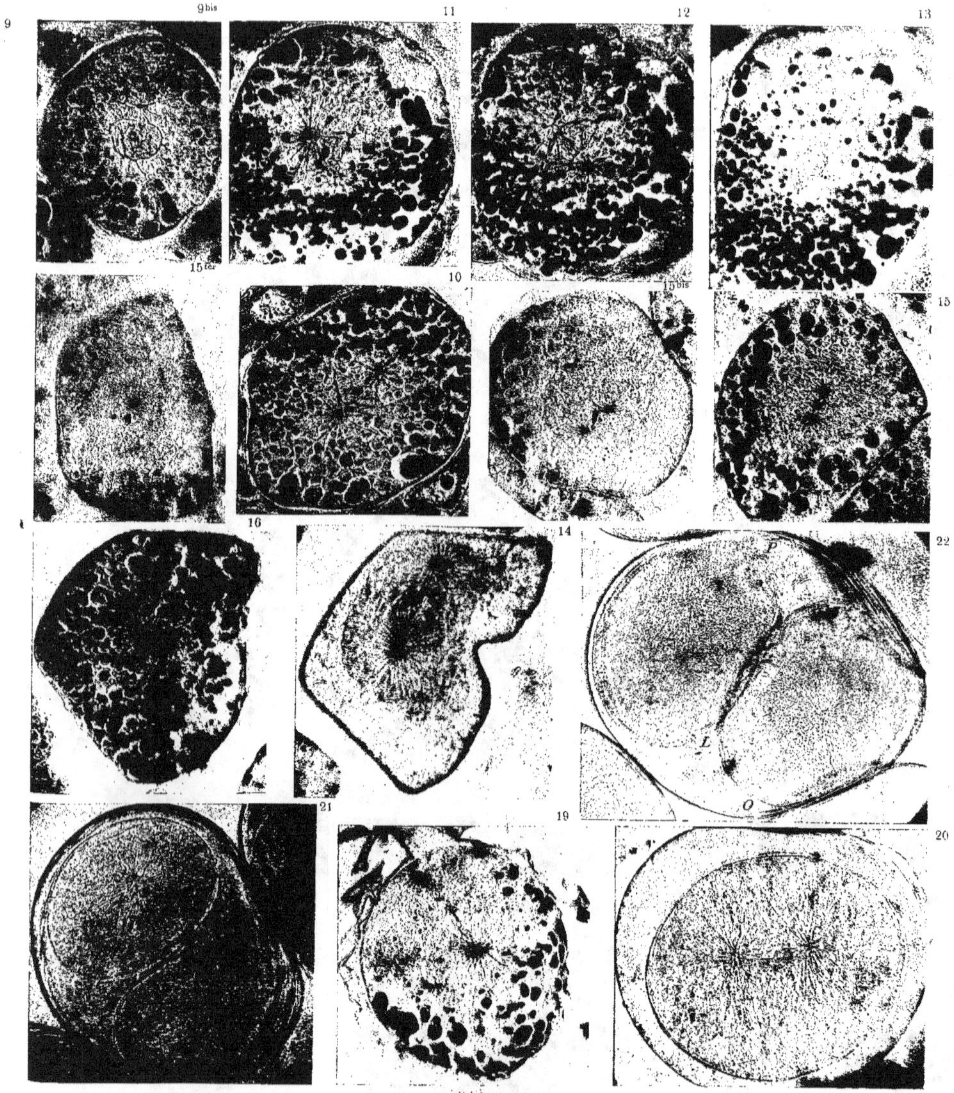

9 9bis 11 12 13

15ter 10 15bis 15

16 14 22

21 19 20

P
L
O

Phototypie de Bruckmann, Munich

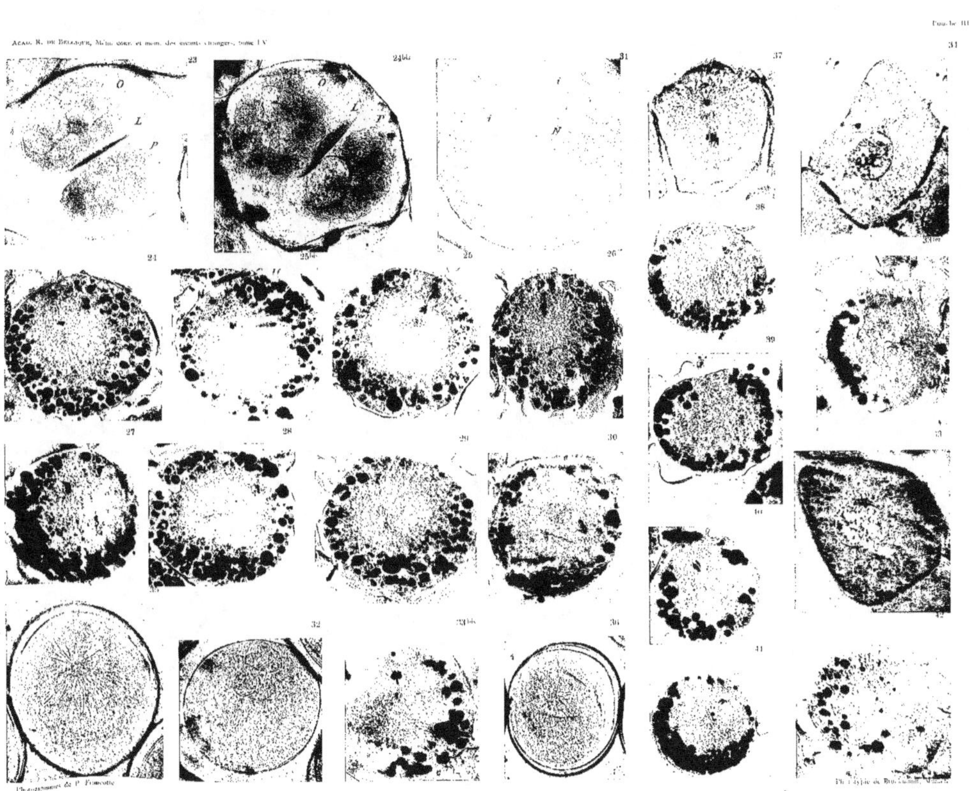

9 782013 708586